Ilham Al Farhan

Síntese de fungicidas por biodegradação para controlo de doenças do tomateiro

Ilham Al Farhan

Síntese de fungicidas por biodegradação para controlo de doenças do tomateiro

ScienciaScripts

Imprint

Any brand names and product names mentioned in this book are subject to trademark, brand or patent protection and are trademarks or registered trademarks of their respective holders. The use of brand names, product names, common names, trade names, product descriptions etc. even without a particular marking in this work is in no way to be construed to mean that such names may be regarded as unrestricted in respect of trademark and brand protection legislation and could thus be used by anyone.

Cover image: www.ingimage.com

This book is a translation from the original published under ISBN 978-3-659-87621-9.

Publisher:
Sciencia Scripts
is a trademark of
Dodo Books Indian Ocean Ltd. and OmniScriptum S.R.L publishing group

120 High Road, East Finchley, London, N2 9ED, United Kingdom
Str. Armeneasca 28/1, office 1, Chisinau MD-2012, Republic of Moldova, Europe
Managing Directors: Ieva Konstantinova, Victoria Ursu
info@omniscriptum.com

Printed at: see last page
ISBN: 978-620-3-33795-2

Índice:

Capítulo 1

1. INTRODUÇÃO

As Solanáceas, vulgarmente conhecidas como família das beladonas, incluem o tomate, a batata, a malagueta, o pimento e a beringela. As culturas de solanáceas são economicamente importantes tanto nas regiões tropicais como nas regiões temperadas. O tomate (*Lycopersicon esculentum* Miller), frequentemente designado por "legume frutado", é considerado uma das culturas hortícolas mais económicas do Egito, tanto para consumo local como para exportação.

O tomate é considerado altamente nutritivo devido ao seu elevado teor de vitamina A e C, bem como de licopeno - um antioxidante natural, que não se encontra noutras culturas de Solanáceas. Tem niacina 0,712 mg, cálcio31 mg e água 94,28 g por 100 g de peso.

No Egito, o tomate é cultivado numa área de 212946 hectares e produziu cerca de 8 533 803 toneladas por ano na estação de crescimento de 2013, com uma média de 40,047 t/ha (**FAO, 2015**). De entre os vários constrangimentos responsáveis pelo baixo rendimento, o tomate, tal como outros vegetais, é também vulnerável a stresses abióticos e bióticos (**Abdel-Sayed, 2006**).

As doenças fúngicas, em particular o míldio do tomateiro, causadas pelo fungo necrotrófico *Alternaria solani*, são uma das doenças mais comuns e destrutivas e podem resultar numa perda total da cultura e dos rendimentos onde quer que o tomate seja cultivado (**Tewari e Vishunavat, 2012**). A doença pode ocorrer numa vasta gama de áreas com orvalho intenso, precipitação e humidade relativa elevada (**Yazici *et al.* 2011**). Caracteriza-se geralmente pelo aparecimento de manchas necróticas castanhas a castanhas escuras com anéis concêntricos nas folhas, caule e frutos. Os anéis concêntricos no interior das manchas produzem um efeito de placa alvo (**Singh, 1987**). Existem alguns métodos, como variedades resistentes, aplicação de fungicidas, agentes biológicos e rotação de culturas para controlar esta doença (**Neeraj e Verma, 2010**).

O aumento da utilização do petróleo e do carvão contribui para a poluição do solo e do ambiente aquático, através dos seus produtos finais e subprodutos. Estes são principalmente misturas multicomponentes de hidrocarbonetos (parafínicos, cicloparafínicos, hidrocarbonetos aromáticos mono e policíclicos) e compostos heteroorgânicos. Estes produtos contêm grandes quantidades de fenóis e compostos heterocíclicos (**Debarati *et al.* 2005**). Contaminação da água e do solo com hidrocarbonetos produzidos principalmente a partir de óleos usados de má utilização (**Surygala e Sliwka, 2004**). Estes hidrocarbonetos contêm hidrocarbonetos de maior peso molecular, nomeadamente hidrocarbonetos aromáticos polinucleares. Estes compostos são altamente tóxicos, duradouros e susceptíveis de bioacumulação (**ATSDR, 1999 e 2002**). No ambiente, sofrem alterações físicas, químicas e biológicas muito lentas. Estes contaminantes podem ser removidos por vários métodos. Os métodos biológicos revelaram-se bastante prometedores. Um método de tratamento promissor consiste em explorar a capacidade dos microrganismos para remover poluentes de locais contaminados; uma estratégia de tratamento alternativa que é eficaz, minimamente perigosa, económica, versátil e amiga do ambiente é o processo conhecido como Biodegradação (**Finley *et al.* 2010**).

Muitos fungicidas são compostos aromáticos derivados do benzeno ou de anéis de hidrocarbonetos vizinhos. A abertura do anel de benzeno é uma reação quimicamente difícil que requer reagentes potentes. Por outro lado, é facilmente realizada por microrganismos. É por isso que a utilização de microrganismos para a biotransformação de poluentes ambientais se tornou uma preocupação de muitos investigadores (**Bordjiba *et al.* 2004**)

O processo de biodegradação reduz, por si só, os derrames de petróleo bruto. Em vez de utilizar fungicidas químicos, os organismos produtores de metabolitos podem ser utilizados como agentes anti-fúngicos (**Rovera *et al.* 2000**).

O presente inquérito foi realizado com o objetivo de estudar os seguintes pontos:

1- Testes de patogenicidade utilizando dois isolados de *Alternaria solani*.
2- Determinar o melhor meio para o crescimento e esporulação de *Alternaria solani*.
3- Biodegradação de resíduos petrolíferos (óleos lubrificantes, óleos usados de automóveis) através da utilização de organismos biológicos.
4- Determinar a melhor concentração de lubrificante biodegradável para reduzir o crescimento e a esporulação de *Alternaria solani*.
5- Controlo da doença do míldio através da utilização de lubrificante biodegradável em condições de estufa.

Capítulo 2

2. REVISÃO DA LITERATURA

A literatura disponível que estuda a possibilidade de controlar o fungo patogénico *Alternaria solani*, (Ellis e Martin) Jones e Grout, através da atividade de óleos resultantes da biodegradação em condições laboratoriais e de estufa será revista nos seguintes tópicos:

2.1 Isolamento, identificação e comprovação da patogenicidade do fungo que causa o míldio do tomateiro:

2.1.1 Sintomas da doença:

A Alternaria solani, causadora do míldio da batata e do tomate, é um agente patogénico grave e pode provocar grandes perdas de rendimento em ambas as culturas, a nível mundial. Os sintomas foliares são caracterizados por lesões castanhas escuras a pretas com anéis concêntricos (**Van der Waals** *et al.* **2001**).

Os sintomas do míldio ocorrem no fruto, no caule e também na folhagem do tomateiro. Os sintomas iniciais desta doença nas folhas aparecem como pequenas lesões pretas ou castanhas de 1-2 mm e, em condições ambientais favoráveis, as lesões aumentam de tamanho e são frequentemente rodeadas por uma auréola amarela. As lesões com mais de 10 mm de diâmetro apresentam frequentemente anéis concêntricos de pigmentação escura. Esta lesão do tipo "olho de boi" é muito caraterística do míldio precoce. À medida que as lesões se expandem e novas lesões se desenvolvem, as folhas inteiras podem tornar-se cloróticas e deiscentes, levando a uma desfoliação significativa. As lesões que ocorrem nos caules são frequentemente afundadas e em forma de lente, com um centro claro, e têm os típicos anéis concêntricos. Em plântulas jovens de tomateiro, as lesões podem cingir completamente o caule, uma fase da doença conhecida como "podridão do colo", que pode levar à redução do vigor da planta ou à sua morte (**Kemmitt, 2002**).

Fritz (2005) referiu que o tomate causou o amortecimento das plântulas na fase de planta juvenil como resultado da infeção do míldio. Por outro lado, as plantas mais velhas também causaram podridão do colo, manchas foliares, lesões no caule e podridão dos frutos devido a esta doença. Os sintomas típicos da doença do míldio são manchas escuras com anéis concêntricos de esporos rodeados por um halo de área foliar clorótica

Koike *et al.* **(2007) referiram** que os sintomas do míldio são manchas castanhas a pretas nas folhas do tomateiro. Estas lesões podem aumentar e atingir um diâmetro de 8-10 mm ou mais. Quando as manchas se expandem até este tamanho, as manchas nas folhas desenvolvem anéis concêntricos. Os frutos do tomateiro desenvolveram lesões circulares de cor castanha escura a preta e afundadas. Estas manchas também tinham anéis concêntricos. Os sintomas de desenvolvimento dos caules do tomateiro são muito semelhantes. Consistem em pequenas lesões de cor castanha e afundadas.

O míldio, causado pelo fungo *Alternaria solani*, é uma das doenças mais comuns do tomateiro. Ocorre, em certa medida, todos os anos em todos os locais onde se cultivam tomates. Apesar do seu nome, a doença pode ocorrer em qualquer altura durante a estação de crescimento. O fungo ataca as folhas, os caules e os frutos (**Hansen, 2009**)

Ganie *et al.* **(2013)** mostraram que os sintomas do míldio do tomateiro eram manchas necróticas castanhas a escuras e coriáceas, primeiro nos folíolos, produzindo um efeito de placa alvo.

Jabeen (2013) revelou que *a Alternaria solani* é o agente causal do míldio do tomateiro, que provoca grandes danos na cultura do tomateiro. É uma das principais doenças foliares do tomateiro e provoca perdas de rendimento de 20-50%. Produz pequenas lesões escurecidas nas plantas que se propagam para pontos negros crescentes de tecido morto.

2.1.2 Patogénico:

Muitos investigadores relataram que a doença do míldio, causada por *Alternaria solani*, é considerada a doença foliar mais importante do tomateiro (**Babu** *et al.* **2000; Foolad** *et al.* **2000; Vloutoglou** *et al.* **2000 e Christ Haynes, 2001**).

A Alternaria solani tem conídios septados transversais e longitudinais, células multinucleadas e células de cor escura (melanizadas). A melanina confere proteção contra condições ambientais adversas, incluindo resistência a micróbios antagonistas e às suas enzimas hidrolíticas (**Rotem, 1994**)

Bose e Som (1986) referiram que o míldio do tomateiro era causado por *Alternaria solani* e o micélio consistia em hifas septadas, ramificadas, castanhas claras, que escureciam com a idade. Os conidióforos eram curtos, com 50 a 90 gm e de cor escura. Os conídios tinham um tamanho de 120-296 x 12-20 gm, eram bicudos, muriformes e de cor escura e eram isolados. No entanto, em cultura, formam cadeias curtas.

Shahi e Shyam (1993) isolaram *Alternaria solani* e *Alternaria alternata* f.sp. *lycopersici* de plantas de tomate em Himachal Pradesh, Índia. Em testes laboratoriais, *A. alternata* f.sp. *lycopersici* produziu sintomas nos folíolos, caules e ramos após a inoculação, enquanto *A. solani* produziu apenas nos folíolos.

Dhal *et al.* (1997) observaram a associação de *Alternaria alternata* com a podridão apical do tomateiro pela primeira vez em Orissa, na Índia.

Krishna *et al.* (1998) referiram que, na Índia, *Alternaria solani* foi detectada em 7,5% de amostras de sementes de variedades locais de tomate.

Foolad *et al.* (2000) afirmaram que *Alternaria solani* podia infetar a folhagem do tomateiro e causar o míldio foliar e/ou a podridão do colo, bem como o míldio dos frutos. Estas infecções provocam lesões graves em todas as fases de crescimento do tomateiro.

Vloutoglou *et al.* (2000) salientaram que o míldio do tomateiro, causado por *Alternaria solani*, tem potencial para se tornar uma das doenças mais graves nas regiões produtoras de tomate da Grécia.

Chakraborty e Chatterjee (2002) afirmaram que, na batata, o míldio causado por *Alternaria solani* foi observado quando a temperatura, a humidade e o pH do solo eram de 25°C, 75-85% e 5,7, respetivamente.

Chaerani e Voorrips (2006) referiram que *Alternaria solani* causou doenças na folhagem (míldio), nos caules basais das plântulas (podridão do colo), nos caules das plantas adultas (lesões do caule) e nos frutos (podridão dos frutos) do tomateiro.

UCANR (2008) mostrou que os conídios de *Alternaria solani* eram de cor acastanhada. Na cabeça dos conídios, havia cerca de 7-8 septos transversais, em alguns conídios, havia um septo longitudinal ou oblíquo. Os conídios tinham uma forma obclavada ou obpiriforme. O tamanho dos conídios *de A. solani* era de 150-300 x 15-19 gm. Por vezes, os conídios formam cadeias, uma vez que se ligam uns aos outros.

2.1.3 Patogenicidade:

Rotem, (1994) confirmou a patogenicidade de *Alternaria solani* no tomate utilizando fragmentos de micélio como inóculo.

Arunakumara (2006) provou a patogenicidade de isolados *de A. solani* em plântulas de tomate (cultivar Megha) cultivadas em vasos com solo esterilizado. Foram feitas reisolações a partir de plantas infectadas e as culturas obtidas foram comparadas com as culturas originais para confirmar a identidade e a patogenicidade do agente patogénico.

Nadia *et al.* (2007) inocularam quatro plantas de batata (45 dias de idade) de *Solanum tuberosum* cvs. 'Diamond' (resistente) e 'Granula' (suscetível) separadamente por pulverização com cada isolado de *Alternaria solani* a uma concentração de 10^6 esporos/mL ou um controlo de água esterilizada para determinar a patogenicidade.

Shahbazi *et al.* (2011) indicaram que os isolados de *Alternaria solani* que exibem diferentes graus de patogenicidade induziram a formação de fitotoxinas com efeitos correspondentes na batata.

Sallam e Abo-Elyousr (2012) realizaram testes de patogenicidade de isolados *de Alternaria* sp. em condições de estufa. **Ganie *et al.* (2013) realizaram** o teste de patogenicidade do patógeno fúngico isolado em folhas de tomate destacadas da variedade "KufriJyoti", onde folhas aparentemente saudáveis foram removidas das plantas, lavadas com água destilada esterilizada e colocadas em placas de Petri esterilizadas. A suspensão de esporos foi feita a partir de uma cultura com 15 dias de idade com água destilada esterilizada e diluída para obter uma concentração de 2x104 conídios/ml. As folhas foram então colocadas em câmaras húmicas, enquanto a humidade foi mantida carregando algodão húmido nas câmaras. As câmaras foram colocadas sob luz solar difusa em bancadas de laboratório à temperatura ambiente (19 a 20°C) até ao aparecimento de sintomas típicos da doença, comparados com os da natureza.

Chohan *et al.* (2015) realizaram o teste de patogenicidade atomizando a suspensão conidial (5 x 10^6 conídios/ml) à taxa de 8-10 ml/planta, preparada a partir de uma cultura com 10 dias de idade, em plântulas de 2 meses de idade de uma variedade de tomate moderadamente suscetível (Reograndi), cultivadas em condições favoráveis ao desenvolvimento da doença.

2.2 Estudos culturais, nutricionais e fisiológicos do fungo causador do míldio:

2.2.1 Estudos culturais:

Kaul e Saxena (1988) referiram a variabilidade cultural de isolados *de Alternaria solani* em ágar dextrose de batata e classificaram-nos em quatro grupos culturais distintos com base no tipo de crescimento, na cor da colónia, na cor do substrato e na taxa de crescimento.

Fencelli e Kimati (1990) verificaram que o crescimento e a esporulação de *Alternaria tenuis* eram ligeiros no meio sintético Dox de Czapek, mas eram elevados em meios semi-sintéticos e naturais em folhas de cenoura.

Yunhui *et al.* (1994) cultivaram *Alternaria solani* em meio Potato Sucrose Agar (PSA) para estudar a sua biologia e patogenicidade em plantas de tomate. Verificaram que as hifas eram de cor branca cinzenta ou castanha cinzenta e que alguns isolados segregavam pigmentos amarelos. As colónias de uma cultura de 5 dias tinham um diâmetro de 54-70 mm. A temperatura óptima para o crescimento fúngico foi de 23-28°C e o pH 6-8 foi considerado ótimo. A patogenicidade variou significativamente entre os isolados.

Mazzonetto *et al.* (1996) mostraram que Potato Dextrose Agar (PDA) + NaCl foram os melhores para o crescimento micelial, seguidos por PDA, folha de feijão e sumo de tomate. O PDA + NaCl foi também o melhor meio para a produção de conídios, seguido do sumo de tomate, PDA e folha de feijão.

Pria *et al.* (1997) referiram que, entre os três meios testados (ágar de sumo de tomate (MSTO), ágar V-8 e PDA), o meio MSTO foi o melhor para o crescimento micelial e a esporulação de *Colletotrichum lindemuthianum, Phaeoisariopsis griseola* e *Alternaria* spp.

Chaerani *et al* (2006) propagaram um isolado de *Alternaria solani* de folhas de tomate infectadas em ágar-sumo V-8 em placas de Petri de 90 mm de diâmetro. As placas foram incubadas a 21-22 °C num período diurno de 12 horas de luz fluorescente durante 10-17 dias. O número de conídios na suspensão foi contado.

Song *et al.* (2011) cultivaram *A. solani* em Ágar Batata Dextrose (PDA) durante 2 dias. Posteriormente, foram cortados blocos de micélios das placas de PDA e transferidos para a superfície de Corn Meal Agar (CMA, 1,5% de farinha de milho, 1,5% de sacarose e 2% de ágar). O fungo foi incubado no escuro a 25 °C durante 8 dias.

Itako *et al.* (2013) armazenaram culturas de *A. solani* em meio de ágar batata dextrose (PDA) em condições de escuridão a 25 ±2 °C.

Somappa *et al.* (2013) revelaram que o crescimento de *A. solani* foi melhor em caldo de batata dextrose (PDB), seguido pelo meio de Czapeck (34,1 mm e 58 mm), respetivamente.

Chohan *et al.* (2015) estudaram o efeito da temperatura no crescimento micelial de *A. solani* utilizando placas de Petri com 20 ml de PDA semeado com discos miceliais de 0,4 cm de diâmetro das margens de uma cultura com 7 dias de idade. As placas inoculadas foram incubadas a diferentes intervalos de temperatura de 20, 25, 30, 35°C sob iluminação fria para o crescimento micelial.

2.2.2 Esporulação:

Benlioglu e Delen (1996) referiram que o meio que continha sumo de tomate foi considerado o mais adequado para a esporulação com 6 dias de incubação no escuro a 23°C, 12 horas de luz a 26°C e 12 horas de escuro a 18°C.

Liuchienhui *et al.* (1997) relataram que a esporulação era óptima quando os micélios eram homogeneizados e transferidos para um segundo meio de Agar de sumo V-8 após 10 dias a 28°C. Além disso, a esporulação foi aumentada no meio V-8 com ferimento micelial a uma temperatura mais baixa (18°C).

Demirci (1997) verificou que *Alternaria solani* diferiu na esporulação quando cultivada em diferentes meios de cultura, luz e tipo de isolados. O ágar de extrato de folha de batata (PLEA) foi o meio mais adequado para a esporulação. Quando os isolados *de A. solani* foram cultivados em PLEA durante 6 dias sob luz fluorescente contínua a 25°C e depois incubados a 20°C no escuro durante 12h, verificou-se uma esporulação abundante em toda a superfície da colónia.

Krishna *et al.* (1998) observaram que o crescimento e a esporulação máximos de *Alternaria solani* ocorreram no meio V-8 Juice Agar em comparação com outros meios testados. O meio de cultura contendo sumo de tomate foi superior aos outros meios líquidos testados para suportar a biomassa de *Alternaria solani*

Spletzer e Enyedi (1999) mencionaram que, para induzir a esporulação, os tampões de micélio do isolado de *Alternaria solani* foram subcultivados em ágar de farinha de milho modificado (MCMA) recentemente preparado. O fungo foi cultivado a 24±1°C com um fotoperíodo de 12 h, consistindo numa combinação de UV-C e fonte de luz fluorescente. Após 8 dias de crescimento sob luz UV-C, o fungo tinha esporulado.

Foolad *et al.* (2000) afirmaram que a esporulação máxima de culturas de *Alternaria solani* foi registada quando cultivadas em meio de ágar V-8 (17,7% de sumo de V-8, 0,3% de CaCO3, 2% de ágar) em placas de Petri de 9 cm de diâmetro. e incubadas a 21-23°C sob luz diurna fluorescente branca e fria com um fotoperíodo de 12 horas durante 10 a 14 dias.

Shahbazi *et al.* (2011) mantiveram dois isolados de *Alternaria solani* em Potato Dextrose Agar (PDA) a 20 °C durante 7 dias. Para induzir a esporulação, as culturas foram cultivadas durante 6 dias a

23-25 °C em PDA sob luz ultravioleta próxima (310-400 nm) com 16 h/dia de luz.

Somappa *et al.* **(2013)** revelaram que a esporulação de *Alternaria solani* foi máxima (13,2*106 esporos/ml) em Potato Dextrose Agar a uma temperatura de 25 °C e RH 100%.

2.3 Variabilidade morfológica em isolados de *Alternaria solani*

2.3.1 Levantamento, distribuição e perdas:

Entre as diferentes doenças fúngicas que infectam a cultura do tomate, o míldio causado por *Alternaria solani* foi o mais destrutivo, causando grandes perdas no rendimento do tomate, que se estimam entre 5 e 78% em campos não pulverizados (**Kemmitt, 2002**).

Jones *et al.* **(1993)** mostraram que o míldio do tomateiro, causado por *Alternaria solani*, era economicamente a doença mais importante do tomateiro nos EUA, Austrália, Reino Unido e Índia, onde foram detectadas reduções significativas no rendimento (35-78%).

Fontern (1993) referiu que *Alternaria solani* era a mais destrutiva de entre muitas doenças, tanto nas folhas como nos frutos do tomateiro nos Camarões.

Akhter *et al.* **(1994)** identificaram sete espécies de 500 isolados fúngicos obtidos de frutos de tomate num mercado de Faisabad, Paquistão, sendo a *Alternaria alternata* a mais comum.

Uys *et al.* **(1996)** afirmaram que o míldio, causado por *Alternaria solani*, era a doença foliar mais prevalecente, seguida das manchas foliares bacterianas, quando pesquisaram doenças e perturbações do tomate nas principais regiões de cultivo de tomate da África do Sul.

Ramgiry *et al.* **(1997)** verificaram que tanto *Alternaria solani* como *Pencillium rostatum* eram os agentes causais mais comuns da podridão do tomateiro nos campos e nos mercados de produtos hortícolas.

Kanjilal *et al.* **(2000)** efectuaram um levantamento das doenças de campo e pós-colheita do tomateiro na Índia. Verificaram que, entre as doenças fúngicas, o míldio causado por *Alternaria* sp. era a doença mais comum, causando perdas no campo que variavam entre 70-100%.

Prasad (2002) efectuou um estudo de campo nos distritos do norte de Karnataka, na Índia, e indicou que o índice percentual de doença (DI) do míldio causado por *Alternaria solani era de* 28,60 a 65,36%.

Abhinandan *et al.* **(2004)** efectuaram um estudo em Punjab, na Índia, em 2001, e verificaram que a intensidade máxima da doença do míldio causada por *Alternaria solani* era de 8,2 - 49,5 %.

Waals *et al.* **(2004),** na África do Sul, e **Pasche** *et al.* **(2004 e 2005)**, nos Estados Unidos, indicaram que o valor total das perdas anuais de culturas de tomate devido ao míldio varia muito, entre 5-78%.

Schuelter *et al.* **(2006)** afirmaram que o míldio, causado pelo fungo *Alternaria solani*, é uma das doenças mais importantes e frequentes do tomateiro. Acrescentaram ainda que as doenças fúngicas do tomateiro são responsáveis por um aumento de 30% nos custos de produção dos fungicidas utilizados para combater estas doenças.

Jiskani *et al.* **(2007)** efectuaram um inquérito em campos de tomate de Hyderabad, na Índia, com o objetivo de estimar a incidência da doença do "damping-off". Verificaram que a Alternaria *solani* é responsável pelo início da doença, tal como outros fungos transmitidos pelo solo.

Ilhe *et al.* **(2008)**, na Índia, mostraram que o míldio (*Alternaria solani*) do tomateiro era a doença mais importante, causando grandes perdas de rendimento.

2.3.2 Variabilidade em *Alternaria solani*

Stancheva e Stamova (1990) testaram 12 isolados *de Alternaria solani*, colhidos em populações búlgaras, num acesso de *Lycopersicon esculentum* e 7 outros acessos representando 6 espécies selvagens (incluindo um acesso de *Lycopersicon hirsutum* e *Lycopersicon hirsutum* var. *glabratum*). Encontraram um polimorfismo considerável no agente patogénico.

Yunhui *et al.* **(1994)** mostraram que a patogenicidade do míldio causado pelo fungo *Alternaria solani* variava significativamente entre isolados.

Perez e Martinez (1995) relataram variabilidade em 4 isolados de *Alternaria solani* no que diz respeito a caracteres morfológicos como: crescimento da colónia, diâmetro da colónia, cor micelial, textura da colónia, pigmentação e tamanho dos conídios em meio.

Sharma *et al.* **(1997)** estudaram a variação genética em *Alternaria brassica*, *A. brassicicola* e *A. raphani*, colhidas em regiões geograficamente diversas do mundo, utilizando marcadores de ADN polimórfico amplificado aleatoriamente (RAPD) e de polimorfismo de comprimento de fragmentos de restrição (RFLP). Verificaram que a análise RAPD era um método mais eficiente e mais rápido para detetar variações nas espécies de *Alternaria*.

Tiffany *et al.* **(1998)** utilizaram a análise RAPD-PCR (random amplified polymorphic DNA-

PCR) para investigar a variação genética entre 35 isolados de *Alternaria solani*. Houve diferenças significativas entre os isolados testados recolhidos de fontes estrangeiras ou nacionais, mas não houve diferenças entre os isolados da Pensilvânia ou de outros estados dos EUA.

Babu *et al.* (2000) descreveram a variabilidade das caraterísticas culturais de isolados de *Alternaria solani* recolhidos em 20 locais nos distritos de Madurai e Dindigul de Tamil Nadu, na Índia.

Castro *et al.* (2000) estudaram a variabilidade de *Alternaria solani* em condições de estufa com base na inoculação de 7 isolados em 14 genótipos de tomateiro. Os dados indicam que todos os isolados diferiram na sua virulência em 14 genótipos de tomate, demonstrando a existência de um elevado nível de variabilidade no fungo.

Vloutoglou e Kalogerakis (2000) testaram isolados de *Alternaria solani*, recolhidos de plantas de tomateiro naturalmente infectadas. Os isolados testados eram virulentos em plantas de tomate, embora diferissem significativamente na intensidade dos sintomas produzidos nas folhas, caules, pecíolos e flores.

Gudmestad *et al.* (2013) observaram a variabilidade cultural de isolados *de Alternaria solani* em Potato Dextrose Agar (PDA) e classificaram-nos em 8 grupos culturais distintos com base em tipos de crescimento, cor da colónia, cor do substrato e taxa de crescimento. A cultura de *Alternaria solani* em meio PDA produziu hifas de cor branco-acinzentada ou castanho-acinzentada e até mesmo pigmento amarelo, que foi segregado por alguns isolados.

2.4 Gestão da doença do míldio:

2.4.1 Fungicidas

Hawamdeh e Ahmad (2001) estudaram o controlo de *Alternaria safari* com diferentes fungicidas em condições *in vitro*. Relataram que o menor crescimento de colónias foi registado no tratamento com Dithane M-45 a 1000 ppm, indicando a importância da utilização deste fungicida no controlo da doença do míldio do tomateiro.

Monaco *et al.* (2001) estudaram a possibilidade de utilização integrada de produtos químicos (Daconil, clorotalonil e Dithane M-45) e de abordagens biológicas para controlar o agente patogénico do míldio do tomateiro, *Alternaria solani*. Sugeriram que um programa de controlo integrado bem sucedido pode ser alcançado quando *Chaetomium globossum* é utilizado em combinação com Dithane M-45.

Naveenkumar Singh *et al.* (2001) conseguiram um bom controlo da doença do míldio foliar do tomateiro, causada por *Alternaria solani,* através de três pulverizações foliares com Dithane M-45 (0,2%) com 15 dias de intervalo.

Sawant e Desai (2001) estudaram a eficácia de Dodine (65 WP) e Mancozeb (75 WP), Alachlor (50 EC) e Acephate (75 SP) contra a doença do míldio (*Alternaria solani*) do tomateiro. O tratamento mais eficaz foi a pulverização com Alachlor antes da transplantação + 2 aplicações com Dodine + 2 aplicações com Acephate. Acrescentaram que o Alaclor e o Acefato aplicados em parcelas tratadas com Mancozeb e Dodine não tiveram efeitos adversos na eficácia dos fungicidas.

Fugro e Mandokhot (2002) afirmaram que a incidência do míldio foi significativamente menor e resultou num maior rendimento do tomate quando a cultura foi transplantada durante a [45ª] semana meteorológica (5 de novembro) e pulverizada com Mancozeb.

Bokshia *et al.* (2003) investigaram o efeito do benzotiadiazol (BTH) como Bion (WG50) e do ácido acetilsalicílico (ASA) no controlo do míldio (*Alternaria solani*) da folhagem da batateira em condições de campo e de estufa. O BTH à taxa de 50 mg/l proporcionou um controlo quase completo do agente patogénico em condições de campo e de estufa e reduziu a gravidade da doença do míldio.

Kapsa e Osowski (2003) estimaram a eficiência de fungicidas (Mancozeb e Chlorothalonil) e de misturas de produtos fitofarmacêuticos com um modo de ação de contacto (Zoxamide + Mancozeb) para controlar o míldio da batateira. A pulverização de plantas com fungicidas - reduziu o desenvolvimento da doença e aumentou o rendimento dos tubérculos. Além disso, a mistura de Zoxamide e Mancozeb apresentou a maior eficácia.

Parvez *et al.* (2003) testaram cinco fungicidas, nomeadamente: Banko (Chlorothalonie 500. Sc, Score (Difenoconazole) 250 Ec, Acrobat MZ 90/600 WP (Metalaxyl+Mancozeb) e Ridomil Gold (Mancozeb+Metalaxyl) 68 WP à taxa de 200-250 g/acre contra o desenvolvimento da doença do míldio em dez variedades de batata. Todos estes fungicidas reduziram significativamente a gravidade da doença em comparação com o tratamento de controlo. Além disso, o efeito de Metalaxyl+Mancozeb (72 WP), Ridomil Gold (68WP), Score (250 EC) e Banko (500 Sc) foi marcado.

Prasad e Naik (2003) investigaram a eficácia dos fungicidas não sistémicos Iprodione, Mancozeb, oxicloreto de cobre e Saaf (Carnendazim 12% e Mancozeb 63%) e dos fungicidas sistémicos Thiophenate-methyl, Triadimefon Benomyl e Carbendazim no controlo do míldio do tomateiro. Os autores referiram que a percentagem mais baixa de incidência da doença (PDI) foi observada nos tratamentos com Carbendazim (13,93) e Mancozeb (15,46).

Bernat (2004) estudou a eficiência de um novo fungicida Pyton Consento 450 SC no controlo do míldio (*Alternaria solani* e *A. alternata*). A aplicação do fungicida à taxa de 2 litros/ha reduziu o desenvolvimento do míldio em 40-61%, em comparação com plantas não tratadas.

Thomas e Jessica (2005) constataram que a aplicação foliar de fungicidas com protectores (Mancozeb e Chlorothalonil), estrobilurinas (Azoxistrobina e Piraclostrobina) e, mais recentemente, Boscalid, era habitualmente utilizada para controlar o míldio, causado por *Alternaria tomatophila*. O fungicida mancozebe demonstrou ser igual ou melhor do que o clorotalonil no controlo e pode ser um instrumento eficaz na gestão dos problemas de resistência entre fungicidas de diferentes produtos químicos.

Karima e Farghaly (2007) testaram dois pesticidas, nomeadamente Metalaxyl (Ridomil plus 50% WP) nas taxas de 12,5, 25, 50 e 75 ppm e Chloropyrifos-methyl (Reldan 50% EC) nas taxas de 25, 50, 100 e 125 ppm isoladamente ou em mistura para controlar *Alternaria solani, in vitro* e em estufa. Eles mostraram que, *in vitro*, a germinação de esporos de *A. solani* foi mais sensível à mistura de Metalaxil e Clorpirifós-metil, seguida por Metalaxil e Clorpirifós-metil, respetivamente. Por outro lado, o crescimento micelial foi reduzido pelo Clorpirifos-metilo, seguido pela mistura dos dois pesticidas e pelo Metalaxil, respetivamente. No entanto, na experiência em estufa, as aplicações foliares com Metalaxil e/ou Clorpirifos-metilo, nas taxas testadas, reduziram a gravidade da doença do míldio do tomateiro em 4,63 a 93,98%, em comparação com as plantas de controlo.

Khan et al. (2007) referiram que todos os fungicidas testados, *ou seja* fungicidas sistémicos; Topsin-M (Tiofanato metílico, 70%WP), Ridomil MZ (Mancozeb, 64% + Metalaxyl 8% WP) e Bavistin (Carbendazim, 50%WP) sozinhos e em combinação com quatro fungicidas não sistémicos Captaf (Captan, 50%WP), Indofil M-45 (Mancozeb, 75%WP), Indofil Z-78 (Zineb, 75%WP), e Thiram (Thiram, 75%WP) a várias taxas 50, 100, 150, 200 e 500 ppm reduziram significativamente a severidade da doença *em* condições *in vitro* e *in vivo*, no entanto, o Ridomil MZ foi mais eficaz. O Topsin-M, a uma concentração de 500 ppm, foi o mais eficaz na redução do crescimento radial dos fungos patogénicos (74,2%). O Ridomil MZ reduziu a gravidade da doença em 32%, seguido do Bavistin + Captaf (26,5%).

Ilhe et al. (2008) recomendaram que a realização de pulverizações alternadas de fungicidas Mancozeb 75 WP @ 0,25% (2 pulverizações) com 15 dias de intervalo a partir do aparecimento da doença foi considerada mais eficaz no controlo da doença com melhor rendimento.

Khan et al. (2008) testaram quatro fungicidas, nomeadamente: Metalaxyl + Mancozeb (72 WP), Ridomil Gold (68WP), Score 250 e Banko 500 SC contra a doença do míldio da batata. Todos os fungicidas testados reduziram a gravidade da doença.

El-Mougy (2009) avaliou o efeito fungicida contra *Alternaria solani* que causou o míldio da batata em condições *in vitro* e de campo. Observaram que existia uma relação contraditória entre a incidência da doença e as taxas de Ridomil MZ 72 aplicadas.

Ganeshan e Chethana (2009) avaliaram a piraclostrobina 25% CE nas taxas de 50, 75 e 100 g a.i/ha em comparação com os produtos químicos habitualmente utilizados, nomeadamente Captan, Mancozeb e um produto não tratado para controlar o míldio da cultivar de tomate NS2535. Verificaram que as parcelas tratadas com piraclostrobina registaram um índice percentual de doença (PDI) entre 10 e 15,5 e um rendimento de 29,8 a 33,1 t/ha, em comparação com um (PDI) de 30 e um rendimento de 8,925 t/ha no tratamento de controlo. No geral, o piraclostrobinato não causou quaisquer sintomas de fitotoxicidade em termos de clorose, necrose, murchidão, queimadura, hiponastia e epinastia.

Arunakumara et al. (2010) mostraram que a doença do míldio, causada por *Alternaria solani*, provocou perdas de rendimento consideráveis no tomateiro e que o controlo efetivo pode ser conseguido através da aplicação de fungicidas com Mancozeb (0,2%) ou Propiconazole (0,1%).

Issiakhem e Bouznad (2010) mostraram que o fungicida difenoconazol foi mais eficaz do que o fungicida clorotalonil na inibição do crescimento micelial e da germinação de conídios de *Alternaria solani* e *Alternaria. alternata* revelou maior sensibilidade do que *A. alternata* aos dois fungicidas testados.

Gondal et al. (2012) aplicaram diferentes taxas de Mancozeb (4, 8, 12 e 16 g/l de água) em intervalos de 7 dias para controlar a *Alternaria solani*, que é o organismo causador da praga de *Alternaria* do tomateiro. Os resultados indicaram que todas as taxas de fungicida reduziram a gravidade da doença. A maior redução da doença foi conseguida com a aplicação de Mancozeb 12 g/l. Em geral, as pulverizações semanais de Mancozeb a 12 g/l de água foram económicas e ecológicas para a gestão da praga *de Alternaria* do tomateiro.

Chourasiya et al. (2013) estudaram a gestão do míldio do tomateiro causado por *Alternaria solani* utilizando fungicidas, nomeadamente Mancozeb (0,2%) e Zineb (0,2%). A percentagem mais baixa de incidência da doença (PDI) foi obtida com Mancozeb (18,36), seguido de Zineb (27,84).

Ganie *et al.* **(2013)** avaliaram cinco fungitoxicantes não sistémicos, nomeadamente; Chlorothalonil 50 WP, Mancozeb 75 WP, Captan 50 WP, Propineb 70 WP e Copper Oxychloride 50 WP em seis taxas diferentes (1000, 1500, 2000, 2500, 3000 e 3500 ppm) e cinco fungitoxicantes sistémicos, nomeadamente; Tiofenato de metilo 70 WP, Carbendazim 50 WP, Hexaconazol 5 EC, Fenarimol 12 EC e Difenconazol 25 EC a várias taxas (100, 150, 200, 250, 300 e 350 ppm) *in vitro* contra *Alternaria solani* que causa o míldio da batateira. Entre os fungitoxicantes não sistémicos, o mancozeb 75 WP foi o mais eficaz e inibiu o crescimento micelial médio máximo de 75,46% em relação ao controlo, seguido do Propineb 70 WP, Captan 50 WP, Chlorothalonil 75 WP e oxicloreto de cobre 50 WP, com uma inibição do crescimento micelial de 68,09, 66,07, 58,89 e 57,81%, respetivamente. Juntamente com o fungitoxicante sistémico, o hexaconazol 5 EC foi o mais eficaz e apresentou uma inibição média máxima do crescimento micelial de 84,19% em relação ao controlo.

Gudmestad *et al.* **(2013)** mostraram que a sensibilidade de *Alternaria solani* aos fungicidas inibidores da succinato desidrogenase (SDHI) (Boscalid, Penthiopyrad e Fluopyram) utilizando um ensaio de germinação de esporos era uma atividade intrínseca semelhante contra *Alternaria solani* com valores médios de EC 50 de 0,33,
0,38 e 0,31 g/ml, respetivamente. No entanto, os isolados variaram na sua sensibilidade a cada um destes fungicidas, resultando em correlações muito baixas (r) entre a sensibilidade dos isolados a cada fungicida.

Dushyant *et al.* **(2014)** descobriram que os fungicidas Carbendazim + Mancozeb (91,1%) foram os mais inibidores do crescimento micelial de *Alternaria solani*, seguidos por Mancozeb (85,5%) a 300 ppm. Em geral, a gestão do míldio foi melhor com o aumento da dosagem de fungicidas, em condições de campo. O MDI foi de 8,2% com Carbendazim + Mancozeb a 0,2%, seguido por 11,4% com Mancozeb a 0,2%, 15,2% com Iprodione + Carbendazim 0,2%, 18,4% com Metalaxyl + Mancozeb 0,2% e 20,8% Chlorothalonil 0,2%.

Hafiz *et al.* **(2014)** testaram três fungicidas (Difenoconazole, Cabriotop e Precure Combi) em três pulverizações sequenciais com um intervalo de 15 dias, para controlar o míldio do tomateiro. Os fungicidas que se revelaram mais eficazes foram testados no campo, tendo sido registado um controlo máximo da doença com 11,84 PDI nas parcelas tratadas com Difenoconazole, seguido das parcelas pulverizadas com Cabriotop com 26,66 PDI.

Osowski **(2014)** estimou a eficácia de vários fungicidas, nomeadamente: Altima 500 SC (Fluazinam), Dithane M-45 80 WP (Mancozeb), Unikat 75 WG (Mancozeb+Zoxamide), Tanos 50 WG (Cymoxanil+Famoxadone), Ridomil Gold MZ 68 WG (Metalaxyl-M+Mancozeb) e Infinito 687,5 SC (Propamokarb-HCL+fluopicolide) para o controlo do míldio da batateira. Os resultados indicaram que todos os fungicidas testados reduziram significativamente o desenvolvimento da doença.

Walke *et al.* **(2014)** avaliaram oito fungicidas, a saber: oxicloreto de cobre (0,25%), carbendazim (0,1%), mancozebe (0,2%), zinebe (0,15%), captafol (0,2%), tiofanato metílico (0,005%), iprodiona (0,2%) e Duter (0,2%) contra *Alternaria solani*. Revelaram que foram detectadas diferenças significativas no diâmetro micelial radial médio em relação ao tratamento de controlo. O diâmetro mínimo das colónias (8,97 mm) foi registado com mancozebe (0,1%) e a percentagem de inibição do crescimento mais elevada (88,97%). A pulverização de plantas com Mancozeb (0,2%) foi significativamente superior a todos os outros tratamentos e registou uma percentagem mínima de incidência da doença (MPDI) (22,18) e uma percentagem máxima de controlo da doença (32,29%).

Chohan *et al.* **(2015)** estudaram a eficácia de três fungicidas (Topsin M, Bavistin e RidomilGold MZ) nas concentrações de 1, 2 e 3 g/l contra *Alternaria solani in vitro*. Mostraram que o Ridomil Gold MZ inibiu *A. solani* (47,06%) a 2 g/l, enquanto a 3 g/l o Topsin M foi mais eficaz (64,71%) em comparação com o controlo. Concluíram que a prática de fontes de resistência, a combinação de práticas de gestão e a prevenção de condições ambientais favoráveis ao agente patogénico, resultam numa produção significativa de tomate.

Desta e Yesuf **(2015)** estudaram a eficácia de três fungicidas (Ridomil gold, Agrolaxyl e Mancozeb), cada um com três frequências de pulverização (a cada 7, 14 e 21 dias), contra *Alternaria solani.* A aplicação semanal de Mancozeb reduziu a doença em 47,75% e, consequentemente, melhorou o rendimento em 112,48%. A pulverização quinzenal de Mancozeb também proporcionou uma MRR mais elevada (1.724,3%). A perda máxima de rendimento (52,94%), em comparação com a parcela mais protegida, ocorreu nas parcelas não tratadas. Concluíram que a aplicação de mancozeb a intervalos semanais pode ser considerada como a melhor estratégia de gestão para reduzir as epidemias de doenças e melhorar o rendimento do tomate.

2.4.2 Biodegradação de resíduos de petróleo

A biodegradação é um processo natural efectuado por micróbios, que decompõem os hidrocarbonetos de petróleo e os transformam noutras substâncias (**Bragg** *et al.* **1994**). A taxa de degradação baseia-se na concentração de micróbios e nas caraterísticas ambientais de um ecossistema contaminado por petróleo (**EPA, 1990**). O processo de biodegradação por si só diminui os derrames de petróleo bruto. As bactérias que consomem petróleo são conhecidas como "oxidantes de hidrocarbonetos" pelo facto de oxidarem os compostos para provocar a sua degradação (**Atlas, 1981**). Entre as bactérias degradadoras, as espécies de *Pseudomonas* são as mais adaptáveis (**Chakrabarthy, 1972**). **Rajeswari** *et al.* **(2011)** estabeleceram a capacidade da *Pseudomanas fluorescens* isolada para utilizar petróleo bruto em meio líquido e competir com microrganismos indígenas do solo, aumentar a degradação do petróleo bruto e diminuir a sua fitotoxicidade.

A biodegradação do petróleo e de outros hidrocarbonetos no ambiente é um processo complexo, cujos aspectos quantitativos e qualitativos dependem da natureza e da quantidade de petróleo ou de hidrocarbonetos presentes, das condições ambientais e sazonais e da composição da comunidade microbiana autóctone (**Van Hamme** *et al.* **2003**).

Phanerochaete chrysosporium mostrou a capacidade de remover 75-80% de todos os TPH (hidrocarbonetos totais de petróleo) em solo poluído (**Yateem** *et. al.* **1998**).

As espécies de *Pseudomonas* podem produzir metabolitos antifúngicos que caracterizam uma verdadeira alternativa à aplicação de fungicidas químicos (**Ultan** *et al.* **2001**). No reino bacteriano, as Pseudomonas são as únicas fontes naturais de cloroglucinol e seus derivados. *As Pseudomonas* spp. fluorescentes desempenham um papel importante no controlo biológico de muitos agentes patogénicos das plantas, por exemplo, o amortecimento da beterraba sacarina (**Fenton** *et al.***1992**), o declínio do trigo (**Raaijmakers e Weller,1998; Slininger e Shea- Andersh, 2005**) e a podridão negra das raízes do tabaco (**Ramette** *et al.* **2003**).

A caraterística proeminente das espécies de Pseudomonas fluorescentes é a produção de antibióticos como compostos inibitórios que desempenham um papel na supressão de doenças causadas por fungos fitopatogénicos (**Haas e Defago, 2005**). Um dos antibióticos mais bem estudados das espécies fluorescentes de Pseudomonas são as fenazinas, compostos heterocíclicos com azoto (**Fernando** *et al.* **2005**). Os únicos produtores naturais conhecidos de fenazinas são as bactérias (**Pierson e Pierson, 2010**).

Fernando *et al.* **(2005)** descobriram que os derivados de fenazina mais comuns produzidos por Pseudomonas sp. são o ácido fenazina-1-carboxílico (PCA), o ácido 2-hidroxifenazina-1-carboxílico (2-OH-PCA), a fenazina-1-carboxamida (PCN) e as hidroxifenazinas (PHZ-OH). As fenazinas, como o PCA e o 2-OH-PCA, apresentam uma vasta gama de actividades contra vários fungos (**Mavrodi** *et al.* **1998**).

Kavitha *et al.* **(2007)** estudaram a eficácia do antibiótico antifúngico resultante do isolado PA23 de *Pseudomonas chlororaphis*, identificado como fenazina, utilizando TLC e HPLC. A fenazina registou a maior zona de inibição de 21 mm com 35,55% de inibição percentual do crescimento micelial de *Pythium aphanidermatum* em relação ao controlo. Teve um efeito significativo na morfologia hifal de *P. aphanidermatum* e na germinação de esporos de *Botryodiplodia theobromae* e *Alternaria solani*. A desorganização da morfologia hifal de *P. aphanidermatum* inclui vacuolização, degeneração do conteúdo celular e lise hifal. Da mesma forma, a interação da fenazina com *Rhizoctonia solani* resultou num inchaço anormal das pontas das hifas. Do mesmo modo, a germinação de esclerócios de *Macrophomina phaseolina, R. solani* e *Sclerotium rolfsii* foi completamente inibida pela fenazina a uma concentração de 50 pl.

Gannibal *et al.* **(2007)** afirmaram que a utilização de produtos de degradação por espécies de *Pseudomonas* é capaz de inibir o fungo fitopatogénico *Alternaria tenuissima* nos EUA, África do Sul e Europa.

Dragana Josic *et al.* **(2012)** estudaram a gestão de *A. tenuissima* de plantas de cardo utilizando produtos de degradação de três isolados *de Pseudomonas*, ou seja, Q16, B25 e PS2. Todos os isolados *de Pseudomonas* tiveram um efeito inibitório sobre a germinação conidial e o crescimento micelial *in-vitro*. Por outro lado, mostraram supressão da doença de *C. cardunculus* causada por *A. tenuissima*. A razão pela qual contêm a quantificação de fenazinas revelou quantidades significativas de ácido fenazina-1-carboxílico (PCA) e ácido 2-hidroxifenazina-1-carboxílico (2-OH-PCA), assumiram que estes isolados *de Pseudomonas* têm potencial no controlo de doenças de plantas causadas por *A. tenuissima*.

Capítulo 3

3. MATERIAIS E MÉTODOS

As presentes investigações sobre a doença do míldio (*Alternaria solani*) do tomateiro foram realizadas durante 2014 e 2015 no Departamento de Fitopatologia, Laboratório de Patologia de Sementes e Tecidos (SEPA), Laboratório Central, Faculdade de Agricultura, Universidade de Mansoura, Egito. Os materiais utilizados e os métodos seguidos são descritos abaixo.

3.1 Origem do agente patogénico

Dois isolados patogénicos de *Alternaria solani*, nomeadamente Al-Tawfiqiyah e Badr, foram obtidos no Instituto de Investigação de Patologia Vegetal, Centro de Investigação Agrícola (ARC), Ministério da Agricultura e Recuperação de Terras, Egito.

As culturas puras dos isolados em estudo foram transferidas para placas de PDA e mantidas no frigorífico a 4°C para investigação posterior.

3.2 Sementes e mudas de tomate

Sementes de tomate (*Lycopersicon esculentum* Miller) cv. Carmen F1 (suscetível ao míldio) produzidas por Nongwoo Bio Co., Ltd. (Coreia), importadas pelo Kanza Group, Egito, foram utilizadas neste estudo. As sementes foram cultivadas em tabuleiros de sementes (209 orifícios de sementeira) numa mistura de turfa-musgo/vermiculite (3:1, v/v) durante 25 dias para produzir plântulas, em condições de estufa.

3.4 Teste de patogenicidade

Neste estudo, foram utilizados dois isolados de *A. solani* (Al-Tawfiqiyah e Badr). Cada isolado foi cultivado em meio de caldo de batata dextrose (PDB) durante 10 dias a 24±2°C no escuro (**Solange et al. 2010**) e depois filtrado através de papel de filtro Whatman n.º 1 esterilizado. Os tapetes miceliais foram lavados várias vezes com água destilada esterilizada e, em seguida, misturados durante 3 min. utilizando um misturador elétrico BRAUN, Alemanha. Os fragmentos miceliais foram diluídos em água destilada esterilizada 1:2 (p/v) e utilizados como inóculo.

As plântulas de tomate foram cultivadas em vasos de plástico de 30 cm de diâmetro (3 plântulas/vaso) preenchidos com uma mistura de areia e musgo de turfa na proporção de 1:3 (peso bruto do vaso 2,5 kg) sob condições de estufa controladas de 25±5°C, 16 h de luz e humidade relativa de 55±5% e fertilizadas semanalmente com NPK 15:15:15. As plântulas em crescimento (45 dias de idade) foram pulverizadas utilizando um atomizador manual, com a suspensão micelial de cada isolado (Al-Tawfiqiyah e Badr), que foi preparada em água estéril a partir de uma cultura com 10 dias de idade. A suspensão micelial foi pulverizada nas folhas e, em seguida, as plantas inoculadas foram cobertas com sacos de polietileno durante 48 h. O tratamento de controlo foi pulverizado com água esterilizada. Foram utilizadas cinco réplicas para cada tratamento. Após 15 dias da inoculação, a incidência da doença[1] do míldio foi registada por observação visual dos sintomas com base no método descrito por **Watterson, (1986)**. A gravidade do míldio foi avaliada visualmente nas folhas de cada planta, utilizando uma escala de gravidade da doença[2] (**Volkalounakis, 1983**). A severidade do míldio (%) foi calculada .[3]

3.5 Re-isolamento de isolados patogénicos

As folhas de tomateiro que apresentavam sintomas típicos de míldio em plantas inoculadas artificialmente foram cuidadosamente lavadas com água da torneira. Estes materiais vegetais foram cortados em pequenos pedaços e esterilizados superficialmente por imersão dos pedaços em solução de hipoclorito de sódio a 1% durante 2-5 minutos, sendo depois lavados várias vezes em água destilada esterilizada para remover quaisquer resíduos de hipoclorito de sódio, secos entre dois papéis de filtro esterilizados e transferidos para PDA modificado com rosa de Bengala (0,003%) e sulfato de estreptomicina (0,01%) em placas de Petri e incubados a 24±2°C durante 47 dias no escuro. Os fungos em crescimento foram transferidos individualmente para um meio de cultura feito de sumo V-8 (15 g de ágar; 1,5 g de carbonato de cálcio; 100 ml de sumo de vegetais-V8; 900 ml de água destilada) (**Gudmestad *et*

---

[1] % Incidência de míldio = (N.º de plantas com sintomas de míldio/N.º total de plantas) x 100

[2] 0 (folha sã), **1** (0-5% da área foliar infetada e coberta por manchas, sem manchas no pecíolo e nos ramos), **2** (620% da área foliar infetada e coberta por manchas, algumas manchas no pecíolo), **3** (21-40% da área foliar infetada e coberta por manchas, manchas também observadas no pecíolo, ramos), **4** (41-70% da área foliar infetada e coberta por manchas, manchas também observadas no pecíolo, ramos, caule) e **5** (>71% da área foliar infetada e coberta pela mancha, manchas também observadas no pecíolo, ramo, caule, fruto).

[3] % de severidade do míldio = [soma das classificações individuais/(número total de classificações x grau máximo de doença)] x 100

al. 2013). As culturas puras dos fungos recuperados foram obtidas utilizando a técnica de esporo único ou de ponta de hifa. Os isolados fúngicos desenvolvidos foram então comparados com as culturas originais para confirmar a identidade e a patogenicidade do agente patogénico. Os isolados puros foram mantidos em tubos de ensaio contendo o mesmo meio de cultura e, após o crescimento das colónias, foram armazenados no frigorífico a 4°C.

3.6 Efeito dos meios de cultura no crescimento micelial e na produção de esporos de *Alternaria solani*

Sete tipos de meios de cultura preparados a partir de três meios principais; PDA, meio V-8 (V-8) e meio S- e as suas possíveis combinações foram avaliados quanto ao seu efeito no crescimento micelial e na esporulação dos dois isolados de *A. solani* (Al-Tawfiqiyah e Badr) da seguinte forma

1. **Ágar dextrose de batata (PDA)**: 200 g de pedaços de batata descascada foram cozidos numa panela com tampa com cerca de 800 ml de água destilada durante 1 hora. O líquido de cozedura restante é filtrado através de duas camadas de pano de queijo, misturado com 20 g de ágar e 20 g de dextrose, enchido até 1 litro e autoclavado a 121°C durante 15 min. (**Rotem, 1994**).
2. **Meio V-8 (V-8)**: 100 ml de sumo de vegetais-V8 (Campbell Soup Company, EUA); 1,5 g de carbonato de cálcio (CaCO3); 15 g de ágar; e 900 ml de água destilada (**Gudmestad *et al.* 2013**).
3. **S-medium**: 20 g de sacarose; 3 g de carbonato de cálcio (CaCO3); e 20 g de ágar por litro de água destilada (**Shahin e Shepard, 1979**).
4. **Mistura de (PDA + V-8)**: preparada na proporção de 1:1 (v/v).
5. **Mistura de (PDA + S-medium)**: preparada na proporção de 1:1 (v/v).
6. **Mistura de (V-8 + S-medium)**: preparada na proporção de 1:1 (v/v).
7. **Mistura de (PDA + V-8 + S-medium)**: preparada como 1:1:2 (v/v).

Os meios foram vertidos em placas de Petri de 9 cm esterilizadas (20 ml por placa). Foram utilizadas cinco réplicas para cada tratamento. Em seguida, todas as placas foram inoculadas com discos de 5 mm de diâmetro de culturas de 10 dias de cada isolado. Todas as placas foram incubadas a 24±2°C no escuro. Os diâmetros das colónias (cm) foram medidos sete dias após a inoculação.

As culturas para o ensaio de esporulação (5 réplicas/tratamento) foram mantidas durante 30 dias a 24±2°C no escuro após a inoculação. Os conídios foram colhidos inundando repetidamente as placas com 10 ml de água destilada estéril. As suspensões de esporos resultantes foram filtradas através de duas camadas de gaze esterilizada, combinadas e centrifugadas a 2000 rpm durante 10 minutos. A concentração de conídios foi contada com a ajuda de um hemocitómetro[4] (**Chohan *et al.* 2015**).

3.7 Estudos de gestão da doença do míldio

3.7.1 Biodegradação de resíduos de petróleo (óleo lubrificante)

Neste estudo, foram utilizados dois isolados biodegradáveis para resíduos de petróleo. O primeiro é o fungo de podridão branca *Phanerochaete chrysosporium* e o segundo é a bactéria *Pseudomonas fluorescens* NRRL 340. Ambos os isolados foram gentilmente obtidos do Dr. Essam Eldin Sallam Ibrahim Sallam, Instituto de Investigação do Solo, da Água e do Ambiente (SWERI), Centro de Investigação Agrícola (ARC), Egito.

[4] Esporos/mL (no original) = (Número médio de esporos/quadrado) x (25) x (104) x (Fator de diluição)

Foram preparados 10 frascos Erlenmeyer (500 ml) com 90 ml de lubrificante (óleo de automóvel usado, resíduos de petróleo) com pH 6,8 em cada um e esterilizados a 121°C durante 20 min. Todos os frascos foram inoculados com 2 ml de *Phanerochaete chrysosporium* (1 x 10^5/ml), 6 ml de peptona 1% como fonte de carbono. Os frascos foram incubados a 35±2°C no escuro com agitação a 200 rpm. Após 10 dias, foram adicionados 2 ml de *Pseudomonas fluorescens* NRRL 340 (1 x 10^9/ml), depois incubados a 25±2°C no escuro com agitação a 200 rpm durante 3 dias. Após a fermentação, foram adicionados 20 ml de tampão fosfato 0,01 M com pH 7,0 e os frascos foram agitados durante 20 minutos. O lubrificante biodegradável foi filtrado através de duas camadas de pano de queijo esterilizado e de papel de filtro Whatman n.º 1. O sobrenadante foi mantido a 4°C para estudo posterior.

1.1.1.1. Cromatografia líquida de alta eficiência

Foi utilizado um sistema HPLC (Agilent Technologies, modelo 1050, Waldbronn, Alemanha) combinado com bomba quaternária, amostrador automático, detetor de díodos (HP-1050), detetor de fluorescência (HP-1046A) e software de análise de dados. Foi aplicada a deteção UV (214 nm) e a deteção de fluorescência (Zex 260 nm).

1.1.1.2. Espectrometria de massa (MS)

Os espectros de massa por impacto de electrões (EI-MS) tiveram um atraso de 3 min. para evitar a aglomeração de solventes e, em seguida, foram analisados de m/z 50 a m/z 300. A energia de ionização foi fixada em 70 eV. Os compostos foram identificados utilizando a base de dados de espectros de massa Wiley e Nist 5.0.

3.7.2 Efeito do lubrificante biodegradável no crescimento micelial de *Alternaria solani.*

Três concentrações de lubrificante biodegradável 55, 110 e 220 iig-"ml foram avaliadas quanto ao seu efeito inibitório no crescimento micelial de ambos os isolados de *A. solani* (Al-Tawfiqiyah e Badr) da seguinte forma:

Três concentrações de lubrificante biodegradável foram adicionadas individualmente a frascos Erlenmeyer contendo 100 ml de meio de cultura V-8 esterilizado antes da sua solidificação para obter as concentrações desejadas. Os frascos sem lubrificante biodegradável foram utilizados como controlo. Os meios foram vertidos em placas de Petri de 9 cm esterilizadas (20 ml por placa). Foram utilizadas três réplicas (5 placas de Petri/replicado) para cada tratamento. Todas as placas foram inoculadas com discos de 5 mm de diâmetro de culturas com 10 dias de idade de cada isolado, e depois incubadas a $24\pm2°C$ no escuro durante sete dias. O diâmetro das colónias foi medido e a redução do crescimento fúngico foi calculada em relação ao tratamento de controlo. A percentagem de inibição do crescimento[5] foi calculada em relação ao crescimento no controlo, de acordo com a equação proposta por **Karima e Farghaly (2007)**.

3.7.3 Efeito do lubrificante biodegradável na germinação de conídios de *Alternaria solani.*

Três concentrações de lubrificante biodegradável 55, 110 e 220 iig-"ml foram avaliadas quanto ao seu efeito inibitório na germinação de conídios e no comprimento do tubo germinativo de ambos os isolados de *A. solani* (Al-Tawfiqiyah e Badr) da seguinte forma:

Três concentrações de lubrificante biodegradável foram adicionadas individualmente a frascos Erlenmeyer contendo 100 ml de meio de cultura de ágar-água a 2% esterilizado antes da sua solidificação para obter as concentrações desejadas. Os frascos sem lubrificante biodegradável foram utilizados como tratamento de controlo. Os meios foram vertidos em placas de Petri de 9 cm esterilizadas (20 ml por placa). Foram utilizadas três réplicas (5 placas de Petri/replicado) para cada tratamento. Adicionou-se água destilada esterilizada com 5 gotas de Tween 20 por 100 ml às culturas de *A. solani* cultivadas em meio V-8, e os conídios foram desalojados com um bastão de vidro esterilizado. A concentração de conídios

3.7.4 Efeito do lubrificante biodegradável, como tratamento protetor, contra a doença do míldio em condições de estufa controladas

Três concentrações de lubrificante biodegradável 55, 110 e 220 iig-"ml foram avaliadas quanto à sua eficiência contra dois isolados de *A. solani* (Al-Tawfiqiyah e Badr) em condições de estufa, como se segue:

As plântulas de tomate foram cultivadas em vasos de plástico de 30 cm de diâmetro (3 plântulas/vaso) preenchidos com uma mistura de areia e turfa na proporção de 1:3 (peso bruto do vaso 2,5 kg) em condições controladas de estufa $25\pm5°C$, 16 h de luz e humidade relativa $55\pm5\%$.[4]

Plântulas com vinte e cinco dias de idade (no estádio de 2-3 folhas verdadeiras) foram pulverizadas com três concentrações de lubrificante biodegradável 55, 110 e 220 ig/ml. Após duas semanas, foi efectuada outra aplicação. Quarenta e cinco dias de idade das plântulas (no estádio de 4-5 folhas verdadeiras) foram inoculadas separadamente por pulverização com cada isolado de *A. solani* a uma concentração de 4 x 10^4 esporos/ml ou água estéril como controlo. As plantas foram cobertas com sacos de plástico transparentes durante 24 horas para aumentar a humidade relativa e acelerar a infeção e, em seguida

3.7.5 % de redução da germinação de esporos = [(germinação no controlo - germinação no tratamento) / germinação no controlo] x 100

descoberto. A severidade da doença foi estimada visualmente com uma escala de 0-5, como descrito anteriormente, e também a percentagem de incidência da doença em diferentes idades da planta, 60, 75 e 90 dias.

3.7.6 Efeito do lubrificante biodegradável, como tratamento curativo, no controlo do míldio em condições de estufa controlada

Três concentrações de lubrificante biodegradável 55, 110 e 220 iig-ml foram avaliadas quanto à sua

---

[4] % de redução = [(Crescimento no controlo - Crescimento no tratamento) / Crescimento no controlo] x 100 A suspensão foi ajustada para 1 x 103 conídios por ml utilizando um hemacitómetro, e 500 til da suspensão conidial de cada isolado foram adicionados a placas de cada tratamento. A suspensão foi espalhada em cada placa utilizando um bastão de vidro esterilizado. Após incubação a $24\pm2°C$ à luz, os conídios foram examinados com um microscópio composto com ampliação de x40 e x100 após 24, 48 e 72 horas. Um conídio foi considerado germinado se o tubo germinativo tivesse um comprimento pelo menos igual ao do conídio ou se houvesse vários tubos germinativos a desenvolverem-se normalmente a partir de um único conídio. O número médio de conídios germinados em três réplicas foi convertido numa percentagem de redução da germinação[6] em relação ao controlo.

eficiência contra dois isolados de *A. solani* (Al-Tawfiqiyah e Badr) em condições de estufa, como se segue:

As plântulas de tomate foram cultivadas em vasos de plástico de 30 cm de diâmetro (3 plântulas/vaso) preenchidos com uma mistura de areia e turfa na proporção de 1:3 (peso bruto do vaso 2,5 kg) em condições de estufa controladas $25\pm5°C$, 16 h de luz e humidade relativa $55\pm5\%$...

Quarenta e cinco plântulas com cinco dias de idade (na fase de 4-5 folhas verdadeiras) foram inoculadas separadamente por pulverização com cada isolado de *A. solani* a uma concentração de 4×10^4 esporos/ml ou um controlo de água esterilizada. As plantas foram cobertas com sacos de plástico transparentes durante 24 horas para aumentar a humidade e acelerar a infeção, sendo depois cultivadas em condições normais na estufa. Duas semanas mais tarde, as plantas foram pulverizadas com três concentrações de lubrificante biodegradável de 55, 110 e 220 iig/ml e com o fungicida Ridomil MZ 72 WP[5] na dosagem de 2,5g/l como comparação. A severidade da doença foi estimada visualmente com uma escala de 0-5, como descrito anteriormente, e também a percentagem de incidência da doença em três idades diferentes da planta: 60, 75 e 90 dias de idade.

3.7.7 Efeito da aplicação de lubrificante biodegradável na análise química, nos parâmetros de crescimento e no rendimento das plantas de tomate em condições de estufa controlada

O efeito da aplicação de três concentrações de lubrificante biodegradável 55, 110, e 220 $\mu g/ml$, como tratamentos protectores e/ou curativos em comparação com o fungicida Ridomil MZ 72 WP foi investigado quanto ao seu efeito na análise química, parâmetros de crescimento e componentes de rendimento de plantas de tomate inoculadas com dois isolados de *A. solani* (Al-Tawfiqiyah e Badr) em condições de estufa, como se segue:

3.7.7.1 Análise química

3.7.7.1.1 Determinação dos pigmentos fotossintéticos:

Foram recolhidas amostras de todos os tratamentos de folhas de tomate aos 75 dias de idade. Os pigmentos foram extraídos com metanol durante 24 horas à temperatura do laboratório, após a adição de um vestígio de carbonato de sódio (**Robinson e Britz, 2000**), e os pigmentos fotossintéticos foram depois determinados espectrofotometricamente. A quantidade de pigmentos fotossintéticos nas folhas foi determinada pela equação[6] introduzida por **Mackinny (1941)**.

3.7.7.1.2 Determinação dos fenóis totais:

Foram recolhidas amostras de todos os tratamentos de folhas de tomate com 75 dias de idade. As amostras (2g cada) foram homogeneizadas em etanol 80% à temperatura ambiente, centrifugadas sob refrigeração a 10.000 rpm durante 15 min e o sobrenadante foi guardado. Os resíduos obtidos foram re-extraídos duas vezes em etanol a 80% e o sobrenadante foi recolhido, colocado em pratos de evaporação à temperatura ambiente até à secura. Dissolveu-se o resíduo em 5 ml de água destilada e diluiu-se cem microlitros do extrato em 3ml de água destilada, adicionando em seguida 0,5 ml de reagente de Folin Ciocalteu. Três minutos depois, foram adicionados 2 ml de carbonato de sódio a 20% e o conteúdo foi bem misturado. A cor revelada foi medida fotometricamente após 60 minutos a 650 nm de comprimento, tendo o catecol sido utilizado como padrão. Os resultados foram expressos em mg catecol/100 g de peso fresco (**Singleton e Rossi, 1965**).

3.7.7.2 Parâmetros de crescimento e componentes de rendimento

Foram colhidas amostras de todos os tratamentos de plantas de tomate na altura da colheita final; 90 dias de idade.

3.7.7.2.1 Altura da planta (cm)

O comprimento do caule principal, desde a superfície do vaso até à ponta do rebento principal, foi medido em centímetros.

3.7.7.2.2 Diâmetro do caule (cm)

O diâmetro do segundo entrenó no caule principal da planta foi medido com um paquímetro digital em centímetros.

3.7.7.2.3 Número de folhas por planta

O número de folhas por planta foi contado na fase de maior crescimento da planta.

---

[5] Ingredientes activos: metalaxil 8% (fenilamole) e mancozebe 64% (complexo de ditiocarbamato) com sal de zinco, produzidos por Syngenta, Bazil, Suíça.

[6] Clorofila A (mg/g) = (16,5*E665 - 8,3*E650)/5

Clorofila B (mg/g) = (33,8*E650 - 12,5*E665)/5

Clorofila total (mg/g) = (25,5*E650 + 4*E665)/5

Carotenóides (mg/g) = (4,2*E452,5 - 0,0264*Chl. A - 0,496*Chl. B)/5

3.7.7.2.4 Número de ramos primários por planta

Os ramos desenvolvidos a partir do rebento principal foram contados como o número de ramos primários por planta.

3.7.7.2.5 Área foliar (cm²)

A quinta folha a partir do topo da planta foi tomada para calcular a área foliar de acordo com o método mencionado por **Wallace e Munger (1965)**.[7]

3.7.7.2.6 Pesos frescos e secos (g/planta)

Foi determinado o peso fresco do tomateiro, incluindo folhas, ramos e caules. Todas as fracções de plantas foram secas ao ar e depois secas em estufa a 70° C até peso constante para obter o peso seco em gramas/planta.

3.7.7.2.7 Rendimento das plantas

O peso total dos frutos por planta foi calculado em kg.

3.7.8 Análise estatística

Uma análise de variância unidirecional foi conduzida para analisar os dados, por meio de um delineamento completamente aleatório (CRD). Os dados recolhidos de todas as experiências foram analisados estatisticamente utilizando o pacote Statistical Analysis System (SAS institute, Cary, NC, EUA). As diferenças entre os tratamentos foram determinadas usando o teste da diferença menos significativa (LSD) de Fisher pelo teste de intervalo múltiplo de Duncan (**Duncun, 1955**). Todas as comparações foram efectuadas aP<0,05.

---

[7] Área foliar (cm²) = [(Peso seco das folhas x Área foliar dos discos em cm²) / Peso seco dos discos]

Capítulo 4

4. RESULTADOS

4.1 Teste de patogenicidade

Dois isolados de *Alaternaria solani* foram testados quanto à sua patogenicidade, em condições controladas de estufa, em plantas de tomate, cultivar: Carmen F1, que é suscetível à doença da requeima precoce. Os dados apresentados no Quadro (1) e na Fig. (1) mostram que, após 60 dias, a incidência da doença causada pelo isolado Al-Tawfiqiyah foi significativamente superior à do isolado Badr (86,67 vs. 60,33%, respetivamente). No entanto, não houve diferença significativa entre os dois isolados no que respeita à gravidade da doença.

Quadro (1): Teste de patogenicidade de dois isolados *de Alternaria solani* (Al- Tawfiqiyah & Badr) em plantas de tomateiro, com 60 dias de idade, em condições controladas de estufa.

Tratamento	Incidência da doença (%)a	Gravidade da doença (%)b
Planta saudável (Controlo)	0,00 c [c]	0.00 c
Isolado de Al-Tawfiqiyah	86.67 a	51.00 a
Isolado de Badr	60.33 b	54.00 a

[a]% Incidência de míldio = (N.º de plantas com sintomas de míldio/N.º total de plantas) x 100
[b]% Severidade do míldio = [Soma das classificações individuais/ (N° total de classificações x grau máximo de doença)] x 100
[c]**Os valores** dentro de uma coluna seguidos pela mesma letra não são significativamente diferentes de acordo com o teste de intervalo múltiplo de Duncun (P=0,05).

Fig. (1). Sintomas de míldio na folha e no caule de plantas de tomate causados por *Alternaria solani* isolada Al-Tawfiqiyah (a, b) e Badr (c, d).

4.2 Efeito dos meios de cultura no crescimento micelial e na produção de esporos de *Alternaria solani*

Sete tipos de meios de cultura preparados a partir de três meios principais; PDA, meio V-8 (V-8) e meio S e as suas possíveis combinações foram avaliados quanto ao seu efeito no crescimento micelial e na esporulação dos dois isolados de *A. solani* (Al-Tawfiqiyah e Badr). Os resultados são apresentados nos Quadros 2 e 3 e na Fig. 2.

4.2.1. Efeito dos meios de cultura no crescimento micelial de *A.solani*

O crescimento micelial de dois isolados *de A. solani* foi determinado após sete dias de crescimento em sete meios de cultura, *ou seja*, PDA, V-8, S-medium e as combinações (PDA+V-8), (PDA+S-medium), (V-8+S-medium) e (PDA+V-8+S-medium). Os dados mostram que S-medium, V-8 e todas as combinações que contêm V-8 induziram a taxa de crescimento mais elevada para o isolado Al-Tawfiqiyah (Quadro 2). Por outro lado, os meios PDA e V-8 foram os melhores para o crescimento micelial do isolado Badr, seguidos pelo meio S- e depois por todos os meios mistos (Quadro 3).

4.2.2. Efeito dos meios de cultura na produção de esporos de *A.solani*

Os dados apresentados nos quadros (2 e 3) mostram que os isolados Al-Tawfiqiyah e Badr produziram a maior quantidade de esporos em meio V-8 ($7^{\wedge}105$ e $1,8x10^7$ esporos ml^{-1}, respetivamente), seguidos pela mistura PDA+S-medium ($4x105$ e $1.2x107$ e, respetivamente) e depois a mistura PDA+V-8+S-medium ($6x105$e $1x10^7$ esporos ml^{-1}, respetivamente), enquanto que a esporulação mínima de ambos os isolados foi observada na mistura V-8+S-medium ($2x10^4$ e $3x10^5$ esporos ml^{-1}, respetivamente). Em média, o número de esporos por ml do isolado Badr em todos os meios foi superior ao do isolado Al-Tawfiqiyah.

Quadro (2): Efeito de sete tipos de meios de cultura no crescimento e na esporulação de *A. solani* (isolado de Al-Tawfiqiyah) *in-vitro*.

Médio	*Alternaría solani* (isolado de Al-Tawfiqiyah)		
	Diâmetro médio das colónias (cm)[a]	Taxa de crescimento (cm dia^{-1})	Conídios ml^{-1}[b]
PDA	7.65	1,09 ab[c]	5x104c
V-8	6.50	0.93 b	$7x10^5$ a
S-médio	7.83	1.12 a	$5x10^4$ c
Combinações (misturas):			
PDA+ V-8	7.00	1.00 ab	$4x10^5$ b
PDA+ S-médio	6.46	0.92 b	$4x10^5$ b
V-8+ S-médio	6.57	0,94 ab	$2x10^4$ d
PDA+ V-8+ S-médio	7.00	1.00 ab	$6x10^5$ ab

[a] O crescimento radial foi medido sete dias após a inoculação.
[b] Os esporos foram contados 30 dias após a inoculação.
cOs valores dentro de uma coluna seguidos pela mesma letra não são significativamente diferentes de acordo com o teste de intervalo múltiplo de Duncun (P=0,05).

Tabela (3): Efeito de sete tipos de meios de cultura no crescimento e esporulação de *A. solani* (isolado de Badr*) in-vitro*.

Médio	*Alternaría solani* (isolado de Badr)		
	Diâmetro médio das colónias (cm)[a]	Taxa de crescimento (cm dia^{-1})	Conídios ml^{-1}[b]
PDA	8.00	1,14 ac[c]	6x106 c

V-8	7.55	1.08 a	$1,8 \times 10^7$ a
S-médio	7.06	1.01 b	3×10^6 d
Combinações (misturas):			
PDA+ V-8	6.53	0.93 c	$0,9 \times 10^7$ bc
PDA+ S-médio	6.21	0.89 c	$1,2 \times 10^7$ ab
V-8+ S-médio	6.28	0.90 c	3×10^5 e
PDA+ V-8+ S-médio	6.36	0.91 c	1×10^7 bc

[a] O crescimento radial foi medido sete dias após a inoculação.
[b] Os esporos foram contados 30 dias após a inoculação.
cOs valores dentro de uma coluna seguidos pela mesma letra não são significativamente diferentes de acordo com o teste de intervalo múltiplo de Duncun (P=0,05).

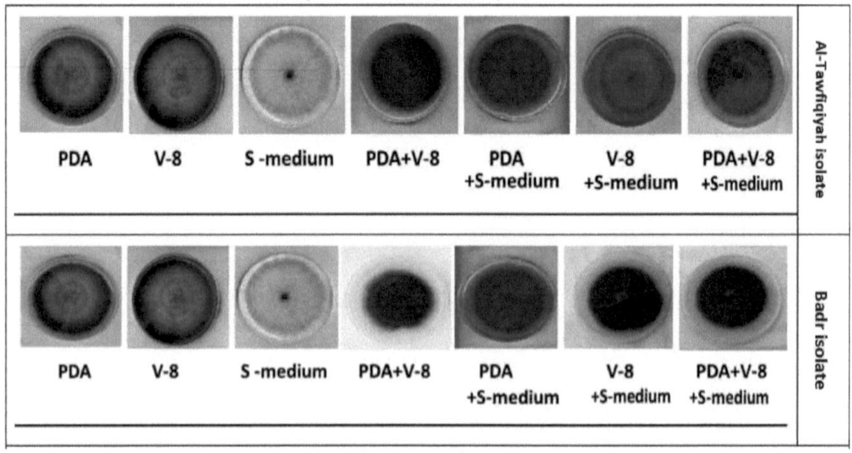

Fig. 1 Efeito de sete tipos de meios no crescimento de dois isolados de *A. solani.*

4.3 Estudos de gestão da doença do míldio

4.3.1 Biodegradação de resíduos de petróleo (óleo lubrificante)

Neste estudo foram utilizados dois isolados biodegradáveis para resíduos de petróleo, *Phanerochaete chrysosporium* e *Pseudomonas fluorescens* NRRL 340. Após 13 dias de fermentação, os princípios activos presentes no sobrenadante final foram identificados com o auxílio da técnica de HPLC, que revelou a presença de seis picos correspondentes a seis compostos, nomeadamente: cloroglucinol, fenazina, benzoquinolina, antraceno, fenol e m-p-Cresol. Estes compostos foram caracterizados através da comparação dos seus espectros de massa com os obtidos pelas bibliotecas NIST e WILEY. Os resultados obtidos foram tabulados na Tabela 4 e nas Figs. 3 e 4.

<u>**Tabela (4):** Composição química dos resíduos de petróleo biodegradáveis (óleo lubrificante).</u>

Não.	RT	Compostos	Fórmula molecular	Peso molecular	Área de pico (%)
1	1.325	Cloroglucinol	C6H6O3	126.1	8.7955
2	1.383	Fenazina	C12H8N2O	180.2	11.2279
3	1.464	Benzoquinolina	C13H9N	179.2	9.023
4	2.048	Antraceno	C14H10	178.2	32.1002
5	2.445	Fenol	C6H6	94.1	11.2684
6	2.533	m-p-Cresol	C7H8O	108.1	27.5840

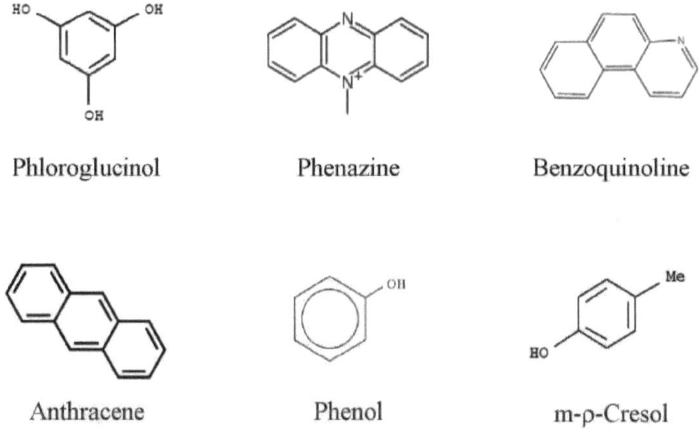

Fig. 2 Estruturas do cloroglucinol, fenazina, benzoquinolina, antraceno, fenol e m-p-Cresol acomponentes de resíduos de petróleo biodegradáveis (óleo lubrificante).

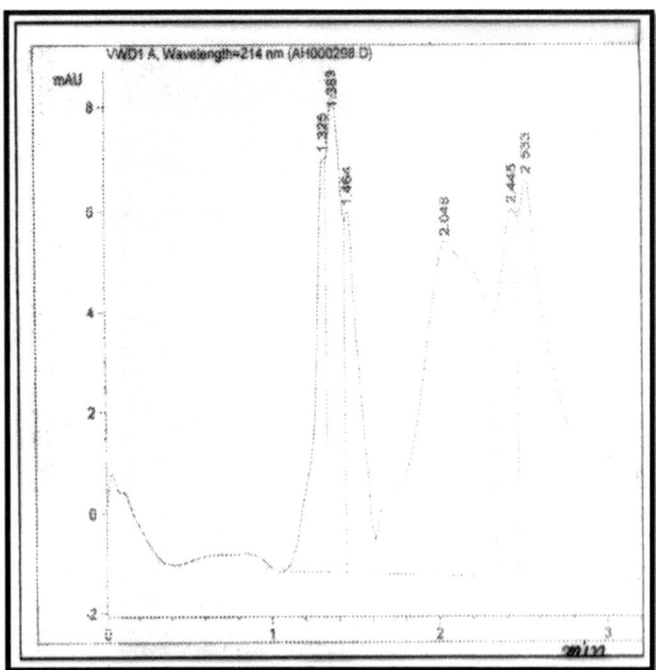

Fig. (4). Padrão de HPLC de resíduos de petróleo biodegradáveis (óleo lubrificante).

4.3.2 Efeito do lubrificante biodegradável no crescimento micelial de *Alternaria solani.*

Três concentrações de lubrificante biodegradável 55, 110 e 220 iig-"ml foram avaliadas quanto ao seu efeito inibitório no crescimento micelial de dois isolados de *A. solani* (Al-Tawfiqiyah e Badr). Os resultados apresentados nas Tabelas (5&6) e na Fig. (5) mostram diferenças significativas entre todas as concentrações de lubrificante biodegradável e o tratamento de controlo na redução do crescimento micelial de ambos os isolados *de A. solani.*

A maior redução (%) do crescimento micelial de *A. solani* (isolado Al- Tawfiqiyah) foi obtida com concentrações de lubrificante biodegradável de 55, 110 e 220 $\mu g/ml$, dando 43,12%, 55,50% e 100%, respetivamente, em comparação com o tratamento de controlo (Quadro 5 e Fig. 5)

Tabela (5): Efeito do lubrificante biodegradável no crescimento micelial de *Alternaria solani* (isolado de Al-Tawfiqiyah).

Concentração de lubrificante biodegradável (ig 'ml)	*Alternaría solani* (isolado de Al-Tawfiqiyah)	
	Diâmetro médio das colónias (cm)[a]	Redução (%)[b]
0	8.00 a [c]	0
55	4.55 b	43.12
110	3.56 c	55.50
220	0 d	100

[a] O crescimento radial foi medido sete dias após a inoculação.
[b] % de redução = [(crescimento no controlo - crescimento no tratamento) / crescimento no controlo] x 100
[c] Os valores dentro de uma coluna seguidos pela mesma letra não são significativamente diferentes de acordo com o teste de intervalo múltiplo de Duncun (P=0,05).

As três concentrações de lubrificante biodegradável 55, 110 e 220 $\mu g/ml$ tiveram os melhores efeitos contra o crescimento micelial de *A. solani* (isolado de Badr), com 38,12%, 58,75% e 100%, respetivamente, em comparação com o controlo (Quadro 6 & Fig. 5).

Tabela (6): Efeito do lubrificante biodegradável no crescimento micelial de *Alternaría solani* (isolado de Badr).

Concentração de lubrificante biodegradável $(\mu g/ml)$	*Alternaría solani* (isolado de Badr)	
	Diâmetro médio das colónias (cm)[a]	Redução (%)
0	8,00 a[b]	00.00
55	4.95 b	38.12
110	3.30 c	58.75
220	0.00 d	100.00

[a] O crescimento radial foi medido sete dias após a inoculação.
[b] Os valores dentro de uma coluna seguidos pela mesma letra não são significativamente diferentes de acordo com o teste de intervalo múltiplo de Duncun (P=0,05).

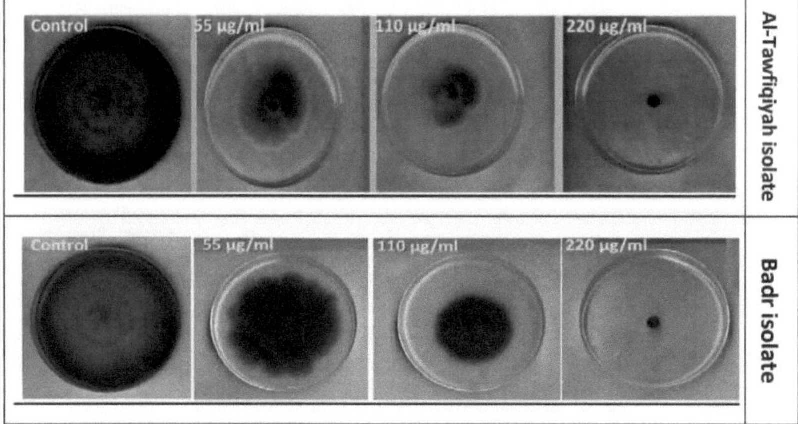

Fig. (5). Efeito do lubrificante biodegradável no crescimento micelial de dois Isolados *de Alternaria solani*.

4.3.3 Efeito do lubrificante biodegradável na germinação de conídios de *Alternaria solani*.

Três concentrações de lubrificante biodegradável 55, 110 e 220 $\mu g/ml$ foram avaliadas quanto ao seu efeito inibitório no crescimento micelial dos dois isolados de *A. solani*. Os resultados apresentados nas Tabelas (7&8), mostraram diferenças significativas na redução da germinação de esporos de ambos os isolados *de A. solani*, após 48 e 72 horas.

Os dados obtidos na Tabela (7) mostram que, a maior redução (%) na germinação de esporos ocorreu na concentração 220 $\mu g/ml$, (100%) após 48 e 72 horas. Por outro lado, foram encontradas diferenças não significativas entre as concentrações 110, 55 $\mu g/ml$ e o tratamento de controlo após 48 e 72 horas, respetivamente.

Tabela (7): Efeito do lubrificante biodegradável na germinação de conídios de *Alternaria solani* (isolado Al-Tawfiqiyah).

Concentração de lubrificante biodegradável ($\mu g/ml$)	*Alternaria solani* (isolado de Al-Tawfiqiyah)			
	Após 48 horas	Redução (%)	Após 72 horas	Redução (%)
0	100 aa	0	100 a	0
55	100 a	0	100 a	0
110	98.66 a	1.34	100 a	0
220	0 b	100	0 b	100

a Valores dentro de uma coluna seguidos pela mesma letra não são significativamente diferentes de acordo com o teste de intervalo múltiplo de Duncun (P=0,05).

Tabela (8): Efeito do lubrificante biodegradável na germinação de conídios de *Alternariasolani* (isolado de Badr).

Concentração de lubrificante biodegradável ($\mu g/ml$)	*Alternaria solani* (isolado de Badr)			
	Após 48 horas	Redução (%)	Após 72 horas	Redução (%)
0	100aa	0	100 a	0
55	96.66 a	3.34	99.33 a	0.67
110	87.66 b	12.34	99.33 a	0.67
220	0 c	100	0 b	100

a Valores dentro de uma coluna seguidos pela mesma letra não são significativamente diferentes de acordo com o teste de intervalo múltiplo de Duncun (P=0,05).

Os dados apresentados na Tabela (8) mostram que a maior redução (%) na germinação de esporos foi encontrada na concentração 220 ug-"ml, (100%) após 48 e 72 horas em comparação com outras duas concentrações 55, 110 $\mu g/ml$ e controlo (3,34 %, 12,34 %, e 0 %) após 48 horas (0,67 %, 0,67 % e 0 %), após 72 horas, respetivamente.

4.3.4 Efeito do lubrificante biodegradável no comprimento do tubo germinativo de *A. solani*.

Três concentrações de lubrificante biodegradável 55, 110 e 220 $\mu g/ml$ foram avaliadas quanto ao seu efeito no comprimento do tubo germinativo dos esporos dos dois isolados de *A. solani* (Al-Tawfiqiyah e Badr). Os resultados apresentados nas Tabelas (9 e 10) e na Fig. (6) mostram uma diferença significativa na redução do comprimento do tubo germinativo de ambos os isolados *de A. solani*, após 72 horas.

Os dados obtidos na Tabela (9) mostram que a maior redução (%) no comprimento do tubo germinativo foi encontrada na concentração de 220 ug-"ml, (100%) seguida de 110, 55 $\mu g/ml$ após 72 horas, para o isolado Al-Tawfiqiyah, respetivamente.

Os dados obtidos na Tabela (10) e na Fig. (6) mostraram que a maior redução (%) no comprimento do tubo germinativo foi encontrada na concentração 220 $\mu g/ml$, (100%) às 72 horas, em comparação com outras duas concentrações 110, 55 $\mu g/ml$ e controlo (24,15%, 24,01% e 0 %), respetivamente para o isolado Badr.

Tabela (9): Efeito do lubrificante biodegradável no comprimento do tubo germinativo de *A. solani* (isolado de Al-Tawfiqiyah).

Concentração de lubrificante biodegradável $(\mu g/ml)$	*Alternaría solani* (isolado de Al-Tawfiqiyah)	
	Comprimento do tubo	Redução (%) [b]
0	829,66 a c	0.00
55	653.33 b	21.25
110	538.10 b	35.14
220	00.00 c	100.00

[a] O comprimento do tubo germinativo foi medido 72 horas após a inoculação.
[b] % de redução = [(crescimento no controlo - crescimento no tratamento) / crescimento no controlo] x 100
[c] Os valores dentro de uma coluna seguidos pela mesma letra não são significativamente diferentes de acordo com o teste de intervalo múltiplo de Duncun (P=0,05).

Tabela (10): Efeito do lubrificante biodegradável no comprimento do tubo germinativo de *A. solani* (isolado de Badr).

Concentração de lubrificante biodegradável $(\mu g/ml)$	*Alternaria solani* (isolado de Badr)	
	Comprimento do tubo	Redução (%) [b]
0	844,00 a c	0.00
55	641.32 b	24.01
110	241.50 c	24.15
220	0.00 d	100.00

[a] O comprimento do tubo germinativo foi medido 72 horas após a inoculação.
[b] % de redução = [(crescimento no controlo - crescimento no tratamento) / crescimento no controlo] x 100
[c] Os valores dentro de uma coluna seguidos pela mesma letra não são significativamente diferentes de acordo com o teste de intervalo múltiplo de Duncun (P=0,05).

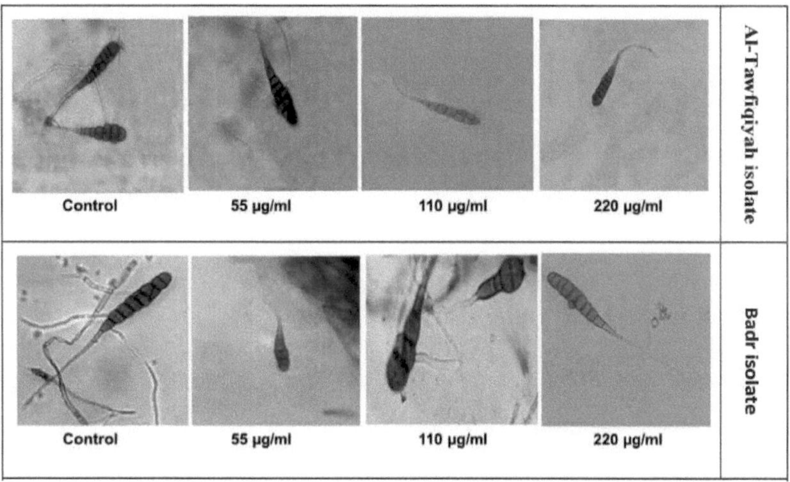

Fig (6): Comprimento do tubo germinativo de *A.solani* (isolados de Al-Tawfiqiyah e Badr) em resposta a diferentes concentrações de lubrificante biodegradável ao microscópio de luz (x40).

4.3.5 Efeito do lubrificante biodegradável, como tratamento protetor, contra o míldio em condições controladas de estufa.

Três concentrações de lubrificante biodegradável 55, 110 e 220 $\mu g/ml$ foram avaliadas quanto ao seu efeito protetor para controlar dois isolados de *A. solani* (Al-Tawfiqiyah e Badr) em condições de estufa controladas. Os resultados apresentados nos Quadros (11 e 12) não mostram diferenças significativas entre todas as concentrações de lubrificante biodegradável e as plantas não tratadas (apenas água) nos valores de incidência da doença e nas percentagens de gravidade da doença em todas as datas (60, 75 e 90 dias).

Os dados apresentados no quadro (11) mostram que a incidência da doença na planta infetada pelo isolado Al-Tawfiqiyah no tratamento de controlo (apenas água) aumentou de 35,60% aos 60 dias para 84,40% aos 90 dias. Além disso, o lubrificante biodegradável 220 $(\mu g/ml)$ registou 35,40% aos 60 dias para 76,40% aos 90 dias. A mesma tendência foi obtida com o lubrificante 110 e 55 $(\mu g/ml)$, passando de 34,80, 32,80 aos 60 dias para 73,60%, 73,80, respetivamente, aos 90 dias.

A severidade da doença em plantas não tratadas (apenas água) aumentou de 35,60% aos 60 dias para 84,40% aos 90 dias. Enquanto a severidade da doença para o lubrificante biodegradável 220 $(\mu g/ml)$ foi de 60,0% aos 60 dias e 88,00% aos 90 dias. A mesma tendência foi obtida nos lubrificantes 110 e 55 $\mu g/ml$, passando de 52 e 60% aos 60 dias para 88 e 92% aos 90 dias, respetivamente.

Tabela (11): Efeito das concentrações de lubrificante biodegradável como tratamento protetor na incidência e gravidade da doença do míldio do tomateiro causada por *A. solani* (isolado de Al-Tawfiqiyah).

Alternaría solani (isolado de Al-Tawfiqiyah)

Tratamento	Conc.	Incidência da doença (%) a			Gravidade da doença (%) b		
		60 dias	75 dias	90 dias	60 dias	75 dias	90 dias
Apenas água (controlo)	0	35.60a[c]	51.60a	84.40a	35.60c	51.60b	84.40a
	55	32.80a	51.40a	73.80b	60.00a	72.00a	92.00a
Concentração de lubrificante biodegradável $(\mu g/ml)$	110	34.80a	53.00a	73.60b	52.00b	72.00a	88.00a
	220	35.40a	56.60a	76.40b	60.00a	72.00a	88.00a
Não inoculado (sem fungos)		0,00b [c]	0.00b	0.00c	0.00d	0.00c	0.00b

[a] % de incidência de míldio = (número de plantas com sintomas de míldio/número total de plantas) x 100
b % Severidade do míldio = [Soma das classificações individuais/ (N° total de classificações x grau máximo de doença)] x 100
c Valores dentro de uma coluna seguidos pela mesma letra não são significativamente diferentes de acordo com o teste de intervalo múltiplo de Duncun (P=0,05).

Os dados apresentados no Quadro (12) mostram que a incidência da doença nas plantas infectadas pelo isolado Badr no tratamento de controlo (apenas água) aumentou de 36,20% aos 60 dias para 79,60% aos 90 dias. Além disso, o lubrificante biodegradável 220 $(\mu g/ml)$ registou 42,00% aos 60 dias para 87,00% aos 90 dias. A mesma tendência foi obtida com os lubrificantes 110 e 55 $(\mu g/ml)$

, onde a gravidade da doença aumentou de 44,00% e 41,75% aos 60 dias para 86,60% e 85,50%, respetivamente, aos 90 dias.

A severidade da doença em plantas não tratadas (apenas água) aumentou de 42,00% aos 60 dias para 86,20% aos 90 dias. Enquanto a severidade da doença para as concentrações de lubrificante biodegradável 220, 110 e $55(\mu g/ml)$ foi de 60,00% aos 60 dias, 100% aos 90.

Tabela (12): Efeito das concentrações de lubrificantes biodegradáveis como tratamentos protectores na incidência e severidade da doença do míldio do tomateiro causada por *A. solani* (isolado de Badr).

Alternaría solani (isolado de Badr)

Tratamento	Conc.	Incidência da doença (%) a			Gravidade da doença (%) [b]		
		60 dias	75 dias	90 dias	60 dias	75 dias	90 dias
Apenas água (controlo)	0	36.20a[c]	57.60a	79.60a	42.00b	63.60b	86.20b
Concentração de lubrificante biodegradável ($\mu g/ml$)	55	41.75a	64.75a	85.50a	60.00a	80.00a	100.00a
	110	44.00a	64.40a	86.60a	60.00a	80.00a	100.00a
	220	42.00a	64.20a	87.00a	60.00a	80.00a	100.00a
Não inoculado (sem fungos)		0.00b	0.00b	0.00b	0.00c	0.00c	0.00c

[a] % de incidência de míldio = (número de plantas com sintomas de míldio/número total de plantas) x 100
b % Severidade do míldio = [Soma das classificações individuais/ (N° total de classificações x grau máximo de doença)] x 100 **c** Valores dentro de uma coluna seguidos pela mesma letra não são significativamente diferentes de acordo com o teste de intervalo múltiplo de Duncun (P=0,05).

4.3.5.1. Efeito das concentrações de lubrificante biodegradável na análise química, parâmetros de crescimento e rendimento de plantas de tomate em condições de estufa controladas

Três concentrações de lubrificante biodegradável 55, 110 e 220 $\mu g/ml$ foram avaliadas quanto ao seu efeito na análise química, parâmetros de crescimento e rendimento quando aplicadas como tratamentos protectores contra dois isolados de *A. solani* (Al-Tawfiqiyah e Badr) em condições de estufa controladas. Os resultados apresentados nos Quadros (13, 14, 15 e 16) mostram diferenças significativas entre a concentração de tratamento de 220 $\mu g/ml$ e as plantas de controlo (apenas água) no conteúdo de carotenóides, fenol total, altura da planta, número de folhas, peso fresco, peso seco e rendimento da planta.

Os dados apresentados na Tabela (13) mostram que não há diferença significativa, em plantas com 75 dias de idade infectadas com o isolado Al-Tawfiqiyah, no conteúdo total de clorofila (mg/g) entre o tratamento com lubrificante biodegradável $(220\ \mu g/ml)$ 0,680 mg/g, e plantas de controlo (apenas água), 0,565 mg/g. Por outro lado, houve diferenças significativas no teor de fenol total entre as plantas de controlo (apenas água) (38,07 mg catecol/100 g de peso fresco) e ambos os tratamentos com lubrificante biodegradável 220, 110 $\mu g/ml$, que registaram 55,40 e 58,27 (mg catecol/100 g de peso fresco), respetivamente.

Tabela (13): Efeito das concentrações de lubrificante biodegradável como tratamentos protectores, na análise química de plantas de tomate com 75 dias de idade inoculadas com *A. solani* (isolado de Al-Tawfiqiyah).

Alternaría solani (isolado de Al-Tawfiqiyah)

Tratamento	Conc.	Clorofila A (mg/g)	Clorofila B (mg/g)	Clorofila total (mg/g)	Carotenóides (mg/g)	Fenóis totais mg catecol/100 g de peso fresco
Apenas água (controlo)	0	0,929b [a]	0.438b	0.565b	1.366c	38.07bc
	55	0.932b	0.453b	0.612b	0.612b	46,41ab
Concentração de lubrificante biodegradável (μg/ml)	110	0.950b	0.467b	0.667b	0.667b	58.27a
	220	0.995b	0.466b	0.680b	0.680b	55.40a
Não inoculado (sem fungos)		1.310a	0.629a	1.060a	1.939a	31.29c

a Valores dentro de uma coluna seguidos pela mesma letra não são significativamente diferentes de acordo com o teste de intervalo múltiplo de Duncun (P=0,05).

       Entretanto, não houve diferença significativa em plantas com 75 dias de idade infectadas com o isolado Badr no conteúdo total de clorofila (mg/g) entre plantas não tratadas, (0,57 mg/g) e concentrações de lubrificante biodegradável 220, 110 e 55 μg/ml que registaram 0,69, 0,67 e 0,62 mg/g, respetivamente.

Por outro lado, houve diferenças significativas no teor de fenóis totais entre as plantas não tratadas (44,24 mg de catecol/100 g de peso fresco) e o lubrificante biodegradável 220 e 110 μg/ml (53,16 e 59,74 mg catecol/100 g de peso fresco), respetivamente.

Tabela (14): Efeito das concentrações de lubrificante biodegradável como tratamentos protectores na análise química de plantas de tomate com 75 dias de idade inoculadas com *A. solani* (isolado de Badr).

Alternaría solani (isolado de Badr)

Tratamento	Conc.	Clorofila A (mg/g)	Clorofila B(mg/g)	Clorofila total (mg/g)	Carotenóides (mg/g)	Fenóis totais mg catecol/100 g de peso fresco

Tratamento	Conc.					
Apenas água (controlo)	0	0,93b [a]	0.49b	0.57b	1.42c	44.24c
	55	0.95b	0.50b	0.62b	1.44bc	47.92bc
Concentração de lubrificante biodegradável ($\mu g/ml$)	110	0.97b	0.51b	0.67b	1.48bc	59.74a
	220	1.01b	0.51b	0.69b	1.52b	53.16ab
Não inoculado (sem fungos)		1.31a	0.63a	1.06a	1.94a	31.29d

a Valores dentro de uma coluna seguidos pela mesma letra não são significativamente diferentes de acordo com o teste de intervalo múltiplo de Duncun (P=0,05).

Para o isolado Al-Tawfiqiyah, as plantas não tratadas apresentaram uma redução significativa na altura da planta (57,43 cm), número de folhas/planta (7,33), número de ramos/planta (2,0) em comparação com o tratamento com lubrificante biodegradável 220 ($\mu g/ml$), altura da planta (60,27 cm), número de folhas/planta (9) e número de ramos/planta (3,33). O rendimento mais elevado das plantas foi registado com concentrações de lubrificante biodegradável de 220, 110, 55 $\mu g/ml$, que produziram 1,237, 1,073 e 0,985 kg/planta, respetivamente, em comparação com 0,734 kg para plantas de controlo (apenas água) (Quadro 15).

Os dados da Tabela (16) mostram a mesma tendência com o isolado Badr, onde a altura da planta, o número de folhas/planta, o número de ramos/planta, foram reduzidos em comparação com os tratamentos com lubrificante biodegradável 220 $\mu g/ml$. O maior rendimento da planta foi registado nas concentrações de lubrificante biodegradável 220, 110, 55 $\mu g/ml$ 1,084, 0,958 e 0,861 kg, respetivamente (Tabela 16).

Tabela (15): Efeito das concentrações de lubrificante biodegradável como tratamento protetor nos parâmetros de crescimento e rendimento de plantas de tomate com 90 dias de idade inoculadas com *A. solani* (isolado de Al-Tawfiqiyah).

Alternariasolani (isolado de Al-Tawfiqiyah)

Tratamento	Conc.	Altura da planta (cm)	N.º de folhas/planta	N.º de ramos/planta	Diâmetro do caule (cm)	Peso fresco (g)	Peso seco (g)	Área foliar (cm²)	Rendimento das plantas (kg)
Apenas água (Controlo)	0	57.43d [a]	7.33c	2.00b	4.90b	44.63c	14.74b	483.35b	0.734d

Tratamento	Conc.								
	55	58.07c	8.67b	2.33b	5,47ab	54.63b	17.40ab	726.43b	0.985c
Concentração de lubrificante biodegradável (μg/ml)	110	59.77b	8.0bc	3.00b	4.60b	57.67b	17,93ab	735.59b	1.073bc
	220	60.27b	9.00b	3.33b	5,47ab	60.03b	23.03a	499.04b	1.237b
Não inoculado (sem fungos)		70.43a	11.0a	5.67a	6.47a	84.73a	23.17a	1358.96a	1.930a

[a] Os valores dentro de uma coluna seguidos pela mesma letra não são significativamente diferentes de acordo com o teste de intervalo múltiplo de Duncun (P=0,05).

Tabela (16): Efeito das concentrações de lubrificante biodegradável como tratamento protetor nos parâmetros de crescimento e rendimento de plantas de tomate com 90 dias de idade inoculadas com *A. solani* (isolado de Badr).

Alternaria solani (isolado de Badr)

Tratamento	Conc.	Altura da planta (cm)	N.º de folhas/planta	N.º de ramos/planta	Diâmetro do caule (cm)	Peso fresco (g)	Peso seco (g)	Área foliar (cm²)	Rendimento das plantas (kg)
Apenas água (Controlo)	0	43.13c [a]	7.00c	1.67c	5.33bc	43,64cd	13.20bc	506.83c	0.635d
	55	48.77b	8.67bc	3.00b	5.40bc	42.23d	11.92c	573.63bc	0.861c
Concentração de lubrificante biodegradável (μg/ml)	110	50.33b	9.33ab	3.33b	6.27ab	49.77bc	13.90bc	563.32bc	0,958bc
	220	50.60b	9,67ab	3.67b	5.17c	55.58b	16.37b	946.78b	1.084b
Não inoculado (sem fungos)		70.43a	11.00a	5.67a	6.47a	84.73a	23.17a	1358.96a	1.933a

[a] Os valores dentro de uma coluna seguidos pela mesma letra não são significativamente diferentes de acordo com o teste de intervalo múltiplo de Duncun (P=0,05).

4.3.6 Efeito da aplicação de lubrificante biodegradável como tratamento curativo, para controlar a doença do míldio em condições de estufa controladas.

Três concentrações de lubrificante biodegradável 55, 110 e 220 μg/ml foram avaliadas quanto ao seu efeito curativo no controlo de dois isolados de *A. solani* (Al-Tawfiqiyah e Badr) em condições de estufa controlada, em comparação com o fungicida Ridomil MZ 72 (2,5 g/l). Os resultados apresentados nos quadros (17-22) mostram um efeito altamente significativo do lubrificante biodegradável 220 μg/ml e do Ridomil MZ 72 (2,5 g/l) na redução da incidência e da gravidade da doença e um efeito positivo na análise química, nos parâmetros de crescimento e no rendimento, em comparação com as plantas de controlo (apenas água).

4.3.6.1 **Efeito de concentrações de lubrificante biodegradável e do fungicida Ridomil MZ 72 na incidência e severidade da doença do míldio do tomateiro causada por *A. solani*.**

Os dados apresentados no quadro (17) mostram que a incidência da doença nas plantas infectadas pelo isolado Al-Tawfiqiyah aumentou de 36,40% aos 60 dias para 84,40% aos 90 dias. Por outro lado, a incidência da doença no lubrificante biodegradável 220 $(\mu g/ml)$ diminuiu de 27,80% aos 60 dias para 6,20% aos 90 dias; a mesma tendência foi obtida com o fungicida Ridomil MZ 72 (2,5 g/l), que reduziu a incidência da doença de 30,40% aos 60 dias para 8,60% aos 90 dias.

A severidade da doença (DS) em plantas não tratadas aumentou de 60,0% aos 60 dias para 100% aos 90 dias, enquanto o tratamento com lubrificante biodegradável a 220 $\mu g/ml$ reduziu a DS de 40,0% aos 60 dias para 20,0% aos 90 dias e a mesma tendência foi obtida com o tratamento com o fungicida Ridomil MZ 72 (2,5 g/l) que reduziu a DS de 60,0% aos 60 dias para 20,0% aos 90 dias.

Tabela (17): Efeito das concentrações de lubrificante biodegradável e do fungicida Ridomil MZ 72 na incidência e gravidade da doença do míldio do tomateiro causada por *A. solani* (isolado Al-Tawfiqiyah).

Alternariasolani (isolado de Al-Tawfiqiyah)

Tratamento	Conc.	Incidência da doença (%) a			Gravidade da doença (%) b		
		60 dias	75 dias	90 dias	60 dias	75 dias	90 dias
Apenas água (controlo)	0	36.40 a[c]	51.60 a	84.40 a	60.00a	68.00a	100.00a
Fungicida Ridomil MZ 72 (g/l)	2.5	30.40 b	18.60 c	8.60 d	60.00a	40.00c	20.00d
	55	35.60 a	47.80 a	71.80 b	60.00a	60.00b	88.00b
Concentração de lubrificante biodegradável ($\mu g/ml$)	110	30.00 b	34.60 b	40.60 c	56.00a	60.00b	60.00c
	220	27.80 b	20.20 c	6.20 d	40.00b	40.00c	20.00d
Não inoculado (sem fungos)		0.00 c	0.00 d	0.00 e	0.00c	0.00d	0.00e

[a] % de incidência de míldio = (N.º de plantas com sintomas de míldio/N.º total de plantas) x 100

[b] % de severidade do míldio = [soma das classificações individuais/ (número total de classificações x grau máximo de doença)] x 100

c Valores dentro de uma coluna seguidos pela mesma letra não são significativamente diferentes de acordo com o teste de intervalo múltiplo de Duncun (P=0,05).

Os dados apresentados no Quadro (18) mostram que a incidência da doença em plantas não tratadas e inoculadas pelo isolado Badr aumentou de 42,60% aos 60 dias para 86,20% aos 90 dias. Enquanto a incidência da doença no lubrificante biodegradável 220 (µg/ml) diminuiu de 36,80% aos 60 dias para 9,40% aos 90 dias e a mesma tendência foi obtida com o fungicida Ridomil MZ 72 (2,5 g/l) de 42,00% aos 60 dias para 9,60% aos 90 dias.

A severidade da doença (DS) em plantas não tratadas aumentou de 60,0% aos 60 dias para 100% aos 90 dias. Enquanto a severidade da doença para o lubrificante biodegradável 220 µg/ml diminuiu de 60,0% aos 60 dias para 20,0% aos 90 dias e a mesma tendência foi obtida com o fungicida Ridomil MZ 72 (2,5 g/l) de 60,0% aos 60 dias para 20,0% aos 90 dias

Tabela (18): Efeito das concentrações de lubrificante biodegradável e do fungicida Ridomil MZ 72 na incidência e severidade da doença do míldio do tomateiro causada por *A. solani* (isolado de Badr)

Alternaria solani (isolado de Badr)

Tratamento	Conc.	Incidência da doença (%) a			Gravidade da doença (%) b		
		60 dias	75 dias	90 dias	60 dias	75 dias	90 dias
Apenas água (controlo)	0	42.60a^c	63.60a	86.20a	60.00a	80.00a	100.00a
Fungicida Ridomil MZ 72 (g/l)	2.5	42.00a	33.60c	9.60c	60.00a	60.00b	20.00d
	55	42.20a	59.80b	74.60b	60.00a	80.00a	84.00b
Concentração de lubrificante biodegradável (µg/ml)	110	37.20b	33.00c	13.00c	60.00a	60.00b	32.00c
	220	36.80b	20.00d	9.40c	60.00a	40.00c	20.00d
Não inoculado (sem fungos)		0.00c	0.00e	0.00d	0.00b	0.00f	0.00e

[a]% Incidência de míldio = (N.º de plantas com sintomas de míldio/N.º total de plantas) x 100
b% Severidade do míldio = [Soma das classificações individuais/ (Nº total de classificações x grau máximo de doença)] x 100
c Os valores dentro de uma coluna seguidos pela mesma letra não são significativamente diferentes de acordo com o teste múltiplo de Duncun
(P=0,05).

4.3.6.2 Efeito das concentrações de lubrificante biodegradável e do fungicida Ridomil MZ 72 na clorofila total (mg/g) e no fenol total (mg catecol/100 g de peso fresco) do míldio do tomateiro causado por *A. solani.*

Os dados apresentados no quadro (19) mostram uma diferença significativa entre as plantas infectadas com o isolado Al-Tawfiqiyah no teor de clorofila total (mg/g) e o tratamento com o fungicida Ridomil MZ 72 e ambos os tratamentos com lubrificante biodegradável.

Por outro lado, verificou-se uma diferença significativa no teor de fenóis totais entre o tratamento de controlo (apenas água), 31,29 (mg catecol/100 g de peso fresco) e ambos os tratamentos com lubrificante biodegradável 220 µg/ml 77,57 (mg catecol/100 g de peso fresco) e fungicida Ridomil MZ 72 (2,5 g/l) 88,33 mg catecol.

Tabela (19): Efeito das concentrações de lubrificante biodegradável e do fungicida Ridomil MZ 72 na análise química de plantas de tomate com 75 dias de idade infectadas com *A. solani* (isolado Al-Tawfiqiyah).

Alternariasolani (isolado de Al-Tawfiqiyah)

Tratamento	Conc.	Clorofila A (mg/g)	Clorofila B (mg/g)	Clorofila total (mg/g)	Carotenóides (^{m}g/g)	Fenóis totais mg catecol/100 g de peso fresco
Apenas água (controlo)	0	0,93c [a]	0.40b	0.37b	1.37d	31.29c
Fungicida Ridomil MZ 72 (g/l)	2.5	1.33a	0.67a	0.81a	2.00a	88.33a
	55	1.12b	0.47b	0.47b	1.59c	73.80b
Concentração de lubrificante biodegradável (μg/ml)	110	1.23ab	0.44b	0.49b	1.63bc	68.92b
	220	1.24ab	0.46b	0.50b	1.70b	77,57ab
Não inoculado (sem fungos)		1.31a	0.63a	0.78a	1.94a	31.29c

a Os valores dentro de uma coluna seguidos pela mesma letra não são significativamente diferentes de acordo com o teste múltiplo de Duncun
(P=0,05).

Os dados do quadro (20) mostram uma diferença significativa no teor de clorofila total (mg/g) em plantas com 75 dias de idade infectadas com o isolado Badr entre o lubrificante biodegradável 220 μg/ml 0,49 mg/g e o tratamento de controlo
(apenas água), 0,78 mg/g e tratamento com o fungicida Ridomil MZ 72 (2,5 g/l) 0,74 mg/g.

Por outro lado, houve uma diferença significativa no teor de fenóis totais entre o tratamento de controlo (apenas água), 44,24 (mg catecol/100 g de peso fresco) e ambos os tratamentos de lubrificante biodegradável 220 μg/ml, 92,43 (mg catecol/100 g de peso fresco), e fungicida Ridomil MZ 72 (2,5 g/l), 89,16 (mg catecol/100 g de peso fresco). As concentrações de lubrificante biodegradável 110 e 55 (μg/ml) registaram 76,07 e 68,29 (mg catecol/100 g de peso fresco), respetivamente.

Tabela (20): Efeito das concentrações de lubrificante biodegradável e do Fungicida Ridomil MZ 72 na análise química de plantas de tomateiro com 75 dias de idade infectadas com *A. solani* (isolado Badr).

Tratamento	Conc.	*Alternaría solani* (isolado de Badr)

		Clorofila A (mg/g)	Clorofila B (mg/g)	Clorofila total (mg/g)	Carotenóides (mg/g)	Fenóis totais mg catecol/100 g de peso fresco
Apenas água (controlo)	0	0,93c[a]	0.49b	0.78a	1.42d	44.24c
Fungicida Ridomil MZ 72 (g/l)	2.5	1.30a	0.61a	0,74ab	1.92a	89.16a
Concentração de lubrificante biodegradável (μg/ml)	55	1.13b	0.45b	0,46bc	1.63c	68.29b
	110	1,25ab	0.50b	0,48bc	1.69bc	76.07b
	220	1.26ab	0.50b	0,49bc	1.76b	92.43a
Não inoculado (sem fungos)		1.31a	0.63a	0.35c	1.94a	31.29d

a Os valores dentro de uma coluna seguidos pela mesma letra não são significativamente diferentes de acordo com o teste múltiplo de Duncun (P=0,05).

4.3.6.3 Efeito das concentrações de lubrificante biodegradável e do fungicida Ridomil MZ 72 nos parâmetros de crescimento e rendimento do míldio do tomateiro causado por *A. solani*.

Para o isolado Al-Tawfiqiyah, o tratamento de controlo (apenas água) mostrou uma redução significativa na altura da planta (57,43 cm), no número de folhas/planta (7,33), no número de ramos/planta (2) em comparação com ambos os tratamentos. O tratamento com o fungicida Ridomil MZ 72 aumentou a altura da planta (66,40 cm), o número de folhas/planta (10), o número de ramos/planta (5,33), enquanto que o lubrificante biodegradável 220 (μg/ml), proporcionou altura da planta (64,47 cm), número de folhas/planta (9,67) e número de ramos/planta (5). A maior produção de plantas foi registada no tratamento com o fungicida Ridomil MZ 72 (1,680 kg) seguido das concentrações de lubrificante biodegradável 220, 110, 55 μg/ml (1,556, 1,421, e 1,231 kg), respetivamente enquanto o tratamento de controlo (apenas água) regista 0,734 kg por planta (Quadro 21).

Tabela (21): Efeito das concentrações de lubrificante biodegradável e do Ridomil MZ 72 fungicida nos parâmetros de crescimento e rendimento de plantas de tomate com 90 dias de idade infectadas com *A. solani* (isolado de Al-Tawfiqiyah).

Alternaría solani (isolado de Al-Tawfiqiyah)

Tratamento	Con c.	Altura da planta (cm)	N.º de folhas/planta	N.º de ramos/planta	Diâmetro do caule (cm)	Peso fresco (g)	Peso seco (g)	Área foliar (cm²)	Rendimento das plantas (kg)

Tratamento	Conc.								
Apenas água (Controlo)	0	57.43f	7.33b	2.00b	4.90a	44.63c	14.74d	499.0c	0.734e
Fungicida Ridomil MZ 72 (g/l)	2.5	66.40b	10.0a	5.33a	6.11a	66.17b	25.30ab	1296.3a	1.680b
	55	60.53e	9.33a	4.67a	5.40a	60.10b	19.94c	849.1bc	1.231d
Concentração de lubrificante biodegradável ($\mu g/ml$)	110	62.60d	9.33a	4.33a	5.50a	60.47b	21.17c	974.8ab	1.421cd
	220	64.47c	9.67a	5.00a	5.57a	62.60b	23.17bc	977.2ab	1.556bc
Não inoculado (sem fungos)		70.43a	11.0a	5.67a	6.47a	84.73a	28.23a	1359.0a	1.933a

a Valores dentro de uma coluna seguidos pela mesma letra não são significativamente diferentes de acordo com o teste de intervalo múltiplo de Duncun (P=0,05).

Os dados da Tabela (22) mostram a mesma tendência para o isolado Badr, em que o tratamento de controlo (apenas água) mostrou uma diferença significativa na altura da planta (43,13 cm), no número de folhas/planta (7,00), no número de ramos/planta (1,67) em comparação com ambos os tratamentos; o tratamento com fungicida Ridomil MZ 72 (a altura da planta foi de 57,23 cm, o número de folhas/planta (11), o número de ramos/planta (5) e o lubrificante biodegradável 220 $(\mu g/ml)$, (altura da planta 54,50 cm, no. de folhas/planta 10,33, e n° de ramos/planta 5). O maior rendimento de plantas foi registado com o fungicida Ridomil MZ 72 (1,685 kg), seguido das concentrações de lubrificante biodegradável 220, 110, 55 $\mu g/ml$ (1,625, 1,240 e 1,300 kg), respetivamente, enquanto o tratamento de controlo (apenas água) regista 0,635 kg por planta.

Tabela (22): Efeito das concentrações de lubrificante biodegradável e do fungicida Ridomil MZ 72 nos parâmetros de crescimento e rendimento de plantas de tomate com 90 dias de idade infectadas com *A. solani* (isolado de Badr).

Tratamento	Conc.	*Alternariasolani* (isolado de Badr)

		Altura da planta (cm)	N.º de folhas/planta	N.º de ramos/planta	Diâmetro do caule (cm)	Peso fresco (g)	Peso seco (g)	Área foliar (cm²)	Rendimento das plantas (kg)
Apenas água (Controlo)	0	43.13e[a]	7.00b	1.67c	5.33a	43.64d	13.20c	464.90c	0.635d
Fungicida Ridomil MZ 72 (g/l)	2.5	57.23b	11.00a	5.00ab	6.11a	66.07b	21,93ab	946.78b	1.685b
	55	50.93d	9.67a	4,67ab	5.41a	57.99c	19.77b	506.83c	1.240c
Concentração de lubrificante biodegradável (µg/ml)	110	52.23d	10.00a	3.67b	5.50a	54.20c	23.17ab	582.44bc	1.300c
	220	54.50c	10.33a	5.00ab	6.07a	58.40c	24.13ab	600.91bc	1.625b
Não inoculado (sem fungos)		70.43a	11.00a	5.67a	6.47a	84.73a	25.07a	1358.96a	1.930a

[a] Os valores dentro de uma coluna seguidos pela mesma letra não são significativamente diferentes de acordo com o teste de intervalo múltiplo de Duncun (P=0,05).

Capítulo 5
5. DISCUSSÃO

O tomate (*Lycopersicon esculentum* Mill.) é uma importante cultura hortícola cultivada em todo o mundo (**Soliman, 2005**). No Egito, o míldio é uma das doenças fúngicas mais comuns do tomateiro (**El-Mougy et al. 2011**). É também considerada como uma das doenças economicamente mais importantes e generalizadas (**El-Abyad et al. 1993 e Shahbazi et al. 2011**). O míldio do tomateiro, causado por *A. solani*, (Ellis e Martin) Jones e Grout, penetra nas feridas e nas folhas, causando sintomas típicos de anéis concêntricos que danificam gravemente a folhagem, resultando na redução do número e do peso dos frutos (**Masih e Behdad, 2012).**

Neste estudo, utilizámos dois isolados patogénicos de *A. solani*, nomeadamente Al-Tawfiqiyah e Badr, obtidos no Instituto de Investigação de Patologia Vegetal, Centro Nacional de Investigação, Giza, Egito. O *A. solani* foi isolado de folhas, frutos e caules de tomateiro naturalmente infectados, recolhidos em diferentes locais, nomeadamente Al-Tawfiqiyah e Badr, na província do Cairo, Egito.

Em condições de estufa, os ensaios de patogenicidade indicaram claramente que ambos os isolados de *A. solani* (Al-Tawfiqiyah e Badr) diferiam na sua patogenicidade para a cultivar de tomate altamente suscetível (Carmen). Os resultados mostraram que o isolado Al-Tawfiqiyah foi mais agressivo do que o isolado Badr. No entanto, a variação na agressividade dos isolados testados foi a principal causa da variação da incidência da doença na cv. Carmen F1.

Embora *A. solani* pareça ter apenas um ciclo de vida não-sexual, apresenta uma variação relativamente grande na morfologia *in-vivo* e *in-vitro*, fisiologia, composição genética e patogenicidade entre isolados (**Yunhui et al. 1994; Weir et al. 1998; van der Waals et al. 2001 e Gudmestad et al. 2013**).

Bonde (1929) e **Neergaard (1945)** classificaram *A. solani* em tipos de isolados conidiais, miceliais e intermédios. Foram encontradas diferenças patogénicas entre isolados provenientes de diferentes pontas de tubo germinativo do mesmo conídio (**Stall 1958**). **Babu et al. (2000)** relataram mais pormenores, tendo encontrado variações morfológicas entre isolados de *A. solani* recolhidos de folhas de tomateiro que apresentavam sintomas típicos de míldio foliar. Sugeriram a existência de tipos patologicamente diferentes do agente patogénico.

Os meios de cultura e outros factores desempenham um papel importante no crescimento e esporulação de fungos e outros microrganismos. Muitos fungos, como *A. solani*, crescem frequentemente com crescimento vegetativo, mas não produzem conídios ou produzem conídios esparsos (**Dhingra e Sinclair, 1995**). Neste estudo, foi testado o efeito de diferentes meios no crescimento linear e na produção de esporos de dois isolados de *A. solani* (Al- Tawfiqiyah e Badr). Ambos os isolados podiam crescer numa vasta gama de meios de cultura. É bem conhecido que a esporulação de *A. solani* pode ser limitada e é frequentemente reduzida quando o fungo é cultivado *in-vitro* (**Rodrigues et al. 2010**). A produção de conídios necessita de requisitos nutricionais e o fungo requer uma fonte de carbono (açúcar) para produzir conídios, no entanto, uma concentração elevada de açúcar pode reduzir a esporulação. Os nossos resultados mostraram que os dois isolados produziram esporos em diferentes meios. A esporulação ocorreu em todos os meios de cultura testados quando os isolados testados foram incubados sob escuridão contínua. Este resultado concordou com o relatado por **Kishore Varma et al. (2014)**. **Spletzer e Enyedi (1999)**, **Foolad et al. (2000)** e **Rodrigues et al. (2010)**, onde a esporulação máxima de culturas de *A. solani* foi registada quando cultivadas em meio de ágar V-8. Os meios testados contendo $CaCO_3$ apresentaram resultados diferentes, pois **Vieira (2004)** verificou que a esporulação foi maior quando o V-8 foi suplementado com $CaCO_3$, embora não tenha havido diferenças significativas em relação ao meio sem $CaCO_3$. No entanto, a esporulação foi moderada em PDA modificado com $CaCO_3$. Ainda não é claro se o efeito se deve à alteração do pH ou à correção do cálcio.

As doenças fúngicas estão a propagar-se rapidamente e estão a tornar-se epidémicas em muitas culturas devido às alterações ambientais. Os fungicidas são capazes de controlar a doença; no entanto, a utilização indiscriminada de fungicidas cria resistência nos agentes patogénicos e torna necessária a avaliação de novas moléculas para combater a doença.

A redução do crescimento aumentou com o aumento das concentrações de óleo testadas *in vitro*. Nesta preocupação, três concentrações diferentes de lubrificante biodegradável 55, 110 e 220 iig/ml foram testadas em 100ml de PDA *in vitro* para verificar o crescimento de *A. solani*. A maior inibição do crescimento radial foi registada para *A. solani* (isolado Al-Tawfiqiyah), cujo crescimento micelial foi reduzido em 43,12, 55,50 e 100% em todas as concentrações testadas, respetivamente, em comparação com o controlo não tratado. As taxas de inibição do crescimento radial de *A. solani* (isolado de Badr) foram de 38,12, 58,75 e 100%, respetivamente, em comparação com o controlo não tratado. O efeito das concentrações de lubrificante biodegradável 55, 110 e 220 g/ml na germinação de esporos mostrou que a aplicação de 220 g/ml reduziu completamente a germinação de esporos do isolado Al-Tawfiqiyah (100% de inibição) após 48 e 72 horas. Por outro lado, não houve diferenças significativas entre as três concentrações de lubrificante biodegradável e o tratamento de controlo após 48 e 72 horas, respetivamente. O isolado Badr reduziu em 100% a germinação de esporos após 48 e 72 horas, em comparação com as concentrações de lubrificante biodegradável 110 e 55 e o tratamento de controlo deu (3,34%, 12,34% e 0%) após 48 horas (0,67%, 0,67% e 0%), após 72 horas, respetivamente. O tratamento com 220 µg/ml de lubrificante biodegradável foi eficaz em comparação com as outras duas concentrações (110 e 55 iig-"ml), o que resultou numa diminuição da esporulação do agente patogénico.

No presente estudo, foi revelado que 220 ig/ml de lubrificante biodegradável foi o melhor para reduzir o comprimento do tubo germinativo do fungo *A. solani* isolado de Al-Tawfiqiyah (95,24%) e do isolado de Badr (100%), em comparação com o controlo.

A biodegradação é um processo natural efectuado por micróbios, que decompõem os hidrocarbonetos de petróleo e os transformam noutras substâncias (**Bragg** *et al.* **1994**). A taxa de degradação baseia-se na concentração de micróbios e nas caraterísticas ambientais de um ecossistema contaminado por petróleo (**EPA, 1990**). O processo de biodegradação por si só diminui os derrames de petróleo bruto. As bactérias que consomem petróleo são conhecidas como "oxidantes de hidrocarbonetos" pelo facto de oxidarem os compostos para provocar a sua degradação (**Atlas, 1981**). Entre as bactérias degradadoras, as espécies de *Pseudomonas* são as mais adaptáveis. (**Chakrabarthy, 1972**). **Rajeswari** *et al.* (**2011**) estabeleceram a capacidade da *Pseudomanas fluorescens* isolada para utilizar petróleo bruto em meio líquido e competir com microrganismos indígenas do solo, aumentar a degradação do petróleo bruto e diminuir a sua fitotoxicidade.

A biodegradação do petróleo e de outros hidrocarbonetos no ambiente é um processo complexo, cujos aspectos quantitativos e qualitativos dependem da natureza e da quantidade de petróleo ou de hidrocarbonetos presentes, das condições ambientais e sazonais e da composição da comunidade microbiana autóctone (**Van Hamme** *et al.* **2003**).

Micróbios como *Phanerochaete chrysosporium* e *Pseudomonas fluorescens,* que produzem metabolitos antifúngicos, caracterizam uma alternativa real à aplicação de fungicidas químicos (**Ultan** *et al.* **2001**). O lubrificante biodegradável foi analisado por HPLC e GC/MS, os principais componentes foram o cloroglucinol, a fenazina, a benzoquinolina, o antraceno, o fenol e o m-p-Cresol. Estes resultados estão de acordo com os obtidos por **Rajeswari** *et al.* (**2011**).

Os resultados actuais mostraram um grande efeito do lubrificante biodegradável a 220 pg/ml e do Ridomil MZ 72 a 2,5g/l na redução da incidência e da gravidade da doença e um grande efeito na análise química, nos parâmetros de crescimento e no rendimento. Houve uma diferença significativa entre ambos os tratamentos e as plantas de controlo (apenas água), quando aplicados como tratamento protetor e melhoraram os parâmetros de crescimento das plantas e o rendimento. Observámos um aumento dos pigmentos fotossintéticos e dos fenóis totais, para além de todos os parâmetros de crescimento e do rendimento das culturas, devido ao tratamento com o lubrificante biodegradável como agente protetor. O aumento destes parâmetros pode ser devido ao aumento do teor de hidratos de carbono (que são estruturalmente polissacáridos das paredes celulares das plantas), celulose, hemicelulose e pectina, que levam à obstrução da invasão de agentes patogénicos das plantas. Além disso, o aumento dos compostos fenólicos, que desempenham um papel importante na defesa das plantas (**Abdi el-Hai** *et al.* **2009**).

Estes resultados podem dever-se ao facto de o cloroglucinol e os compostos fenólicos e os seus derivados desempenharem um papel importante no controlo biológico de muitos agentes patogénicos das plantas, por exemplo, o amortecimento da beterraba sacarina (**Fenton** *et al.***1992**), o declínio do trigo (**Raaijmakers e Weller 1998; Slininger e Shea-Andersh 2005**) e a podridão negra da raiz do tabaco (**Ramette** *et al.* **2003**). O floroglucinol, que actua como regulador do crescimento das plantas, pode levar ao aumento da quantidade de pigmentos fotossintéticos, do teor de fenóis totais, da altura das plantas, do número de folhas, do número de ramos, do diâmetro do caule e do rendimento (**Ultan** *et al.* **2001**).

O floroglucinol é frequentemente utilizado como suplemento de outros reguladores de crescimento de plantas (PGRs) *in-vitro*, no entanto, muitos estudos em que o floroglucinol foi utilizado *in-vitro* para induzir ou melhorar diferentes eventos de desenvolvimento de plantas mostram claramente que o floroglucinol é um composto muito mais poderoso e interessante do que anteriormente reconhecido (**Teixeira da silva** *et al.* **2013**).

Muitos investigadores demonstraram a atividade antifúngica do cloroglucinol contra os agentes patogénicos das plantas *Gaeumannomyces graminis* var. *tritici* (**Raaijmakers e Weller 1998**), *F. oxysporum* f.sp. *pisi* (**Landa** *et al.* **2002**), *P. ultimum* var. *sporangiferum* (**de Souza** *et al.* **2003 a,b**), *R. solani* e *sclerotium rolfsii* (**De La Fuente** *et al.* **2004; Islam e Fukushi, 2010**).

A fenazina foi registada como causadora do maior efeito de inibição percentual no crescimento micelial e na morfologia hifal de *Pythium aphanidermatum* e *Alternaria solani* (**Kavitha *et al.* 2007**).

A benzoquinolina, conhecida como alcaloide, apresentou atividade antifúngica contra vários microrganismos, como *Pythium* sp. e *A. solani*, e actua de forma semelhante a um antioxidante, que induz a defesa da planta (**Sato, 2008**). Isto pode interpretar os nossos resultados, uma vez que a altura da planta, o número de folhas, o número de ramos, o diâmetro do caule e o rendimento aumentaram em resposta ao tratamento com o lubrificante biodegradável.

O mecanismo de ação do antraceno como componente do lubrificante biodegradável utilizado no nosso estudo pode provavelmente ser através da inibição da cadeia de transporte de electrões, da biossíntese de lípidos e da formação da parede celular dos fungos (**Hassan *et. al.* 2007**). Fenol como outro componente do lubrificante biodegradável utilizado no nosso estudo foi relatado como tendo a capacidade de inibir a germinação de esporos de agentes patogénicos de plantas (**Harborne e Williams, 2000**), e inibir também a formação de tubos germinativos (**Ishida *et al.* 2006**), e também inibe enzimas microbianas extracelulares através da inibição da fosforilação oxidativa (**Scalbert, 1991**). Foi demonstrado que o fenol tem uma atividade inibidora contra *Aspergillus tamari, A. flavus, Cladosporium sphaerospermum, Penicillium digitatum, P. italicum* e *Candida neoformans* (**Ishida *et al.* 2006**). Os mecanismos acima mencionados podem ter contribuído para os resultados obtidos no nosso estudo utilizando o lubrificante biodegradável.

RESUMO

As doenças das plantas desempenham um papel direto na destruição dos recursos naturais na agricultura. A utilização generalizada de fungicidas para controlar as doenças das plantas conduziu a um aumento dos riscos para a saúde devido aos seus efeitos residuais fitotóxicos, à poluição e aos elevados custos de produção. Por conseguinte, é fortemente encorajada a utilização de outros meios de controlo de doenças em vez de produtos agroquímicos. Um método de tratamento promissor consiste em explorar a capacidade dos microrganismos para remover poluentes de locais contaminados. Uma estratégia de tratamento alternativa que é eficaz, minimamente perigosa, económica, versátil e amiga do ambiente é o processo conhecido como biodegradação. Em vez de utilizar fungicidas químicos, os organismos produtores de metabolitos podem ser utilizados como agentes anti-fúngicos.

O míldio, causado por *A. solani*, é uma doença grave e importante das plantas. Os principais hospedeiros de *A. solani* são as culturas solanáceas, incluindo o tomate, a batata, a beringela e o pimento.

Agente causal

Dois isolados patogénicos de *A. solani,* nomeadamente Al-Tawfiqiyah e Badr, foram obtidos no Plant Pathology Research Institute, Agricultural Research Centre (ARC), Giza, Egito.

Teste de patogenicidade

Em condições de estufa, o isolado Al-Tawfiqiyah foi significativamente superior ao isolado Badr no que respeita à incidência da doença (86,67 vs. 60,33%, respetivamente). No entanto, não se registaram diferenças significativas entre os dois isolados no que diz respeito à gravidade da doença.

Efeito dos meios de cultura no crescimento micelial e na produção de esporos de *A. solani*

Sete tipos de meios de cultura preparados a partir de três meios principais; PDA, meio V-8 (V-8) e meio S e as suas possíveis combinações foram avaliados quanto ao seu efeito no crescimento micelial e na esporulação dos dois isolados de *A. solani*. Relativamente ao crescimento micelial, o meio S proporcionou a taxa de crescimento mais elevada (1,12 cm dia^{-1}) para o isolado Al-Tawfiqiyah, enquanto o meio V-8 foi o melhor para o crescimento micelial de Badr (1,08 cm dia^{-1}). Os isolados de Badr e Al-Tawfiqiyah produziram o maior rendimento de conídios (18^106 e 7x105 esporos/ml), respetivamente, com o meio V-8.

Estudos de gestão da doença do míldio

Biodegradação de resíduos de petróleo (óleo lubrificante)

Seis compostos, nomeadamente o cloroglucinol, a fenazina, a benzoquinolina, o antraceno, o fenol e o m-p-Cresol foram identificados no lubrificante biodegradável final com a ajuda da técnica de HPLC. Estes compostos foram caracterizados através da comparação dos seus espectros de massa com os obtidos pelas bibliotecas NIST e WILEY.

Efeito do lubrificante biodegradável no crescimento micelial de *Alternaria solani*

Para ambos os isolados Al-Tawfiqiyah e Badr, a inibição completa (100%) do crescimento micelial foi obtida pelo lubrificante biodegradável a uma concentração de 220 iig/ml.

Efeito do lubrificante biodegradável na germinação de conídios e no comprimento do tubo germinativo de *Alternaria solani*.

Para os isolados Al-Tawfiqiyah e Badr, a inibição completa (100%) da germinação de esporos foi obtida pelo lubrificante biodegradável a uma concentração de 220 $\mu g/ml$, 72 horas após o tratamento. O efeito negativo foi aumentado com o aumento da concentração do **lubrificante biodegradável.**

Efeito do lubrificante biodegradável, como tratamento protetor, contra o míldio em condições controladas de estufa.

O isolado Al-Tawfiqiyah mostrou uma incidência da doença no tratamento de controlo (apenas água), que aumentou de 35,60% aos 60 dias para 84,40% aos 90 dias e a gravidade da doença de 35,60% aos 60 dias para 84,40% aos 90 dias. Enquanto o lubrificante biodegradável a 220 $\mu g/ml$ registou uma incidência da doença de 35,40% aos 60 dias e 76,40% aos 90 dias, a gravidade da doença foi de 60% aos 60 dias e 88% aos 90 dias após o tratamento.

O isolado Badr mostrou uma incidência da doença no tratamento de controlo (apenas água), que aumentou de 36,20% aos 60 dias para 79,60% aos 90 dias e a gravidade da doença para o tratamento de controlo (apenas água) aumentou de 42% aos 60 dias para 86,20% aos 90 dias. Enquanto o lubrificante biodegradável a 220 $\mu g/ml$ registou 42% aos 60 dias e 87% aos 90 dias de incidência da doença. A gravidade da doença para o lubrificante biodegradável nas concentrações 220, 110 e 55 $\mu g/ml$ foi de 60% aos 60 dias e 100% aos 90 dias.

Efeito das concentrações de lubrificantes biodegradáveis na análise química, nos parâmetros de

crescimento e no rendimento das plantas de tomate em condições de estufa controladas

Não se verificou qualquer efeito do lubrificante biodegradável, em todas as concentrações testadas, no teor total de clorofila em comparação com o tratamento de controlo (apenas água).

No entanto, o teor de fenóis totais aumentou significativamente nos tecidos das plantas em resposta ao tratamento com todas as concentrações de lubrificante biodegradável em comparação com o tratamento de controlo (apenas água).

A altura das plantas, o número de folhas/planta, o número de ramos/planta, os pesos fresco e seco das plantas e a produção de frutos aumentaram significativamente com o tratamento com lubrificante biodegradável a 220 $\mu g/ml$ em em comparação com o tratamento de controlo (apenas água) em ambos os isolados.

No entanto, o tratamento com lubrificante biodegradável (em todas as concentrações) não tem efeito no diâmetro do caule e na área foliar de ambos os isolados.

Efeito da aplicação de lubrificante biodegradável como tratamento curativo, para controlo do míldio em condições de estufa controlada.

Efeito de concentrações de lubrificante biodegradável e do fungicida Ridomil MZ 72 na incidência e severidade da doença do míldio do tomateiro causada por *A. solani*.

A incidência da doença (DI) e a gravidade da doença (DS) diminuíram significativamente em resposta ao tratamento com lubrificante biodegradável a 220 $\mu g/ml$ em comparação com o tratamento de controlo (apenas água). No entanto, não se registaram diferenças significativas entre o lubrificante biodegradável a 220 $\mu g/ml$ e o fungicida Ridomil MZ 72 (2,5 g/l) no que diz respeito à DI e DS para ambos os isolados.

Efeito das concentrações de lubrificante biodegradável e do fungicida Ridomil MZ 72 na clorofila total (mg/g) e no fenol total (mg catecol/100 g de peso fresco) do míldio do tomateiro causado por *A. solani*.

Para o isolado Al-Tawfiqiyah, a quantidade máxima de teor de clorofila total foi obtida em plantas tratadas com o fungicida Ridomil MZ 72 (2,5 g/l), seguido do lubrificante biodegradável em todas as concentrações e do tratamento de controlo (apenas água). No entanto, tanto o fungicida Ridomil MZ 72 como o lubrificante biodegradável a 220 $\mu g/ml$ aumentaram significativamente o teor de fenóis totais em comparação com o tratamento de controlo (apenas água).

Para o isolado Badr, não se registaram diferenças significativas entre o fungicida Ridomil MZ 72 e o lubrificante biodegradável em todas as concentrações no que diz respeito ao teor de clorofila total. No entanto, tanto o fungicida Ridomil MZ 72 como o lubrificante biodegradável, em todas as concentrações, aumentaram significativamente o teor de fenóis totais em comparação com o tratamento de controlo (apenas água).

Efeito das concentrações de lubrificante biodegradável e do fungicida Ridomil MZ 72 nos parâmetros de crescimento e rendimento do míldio do tomateiro causado por *A. solani*.

A altura das plantas, o número de folhas/planta, o número de ramos/planta, o peso fresco e seco das plantas e a produção de frutos aumentaram significativamente com o tratamento com lubrificante biodegradável em todas as concentrações, bem como com o fungicida Ridomil MZ 72, em comparação com o tratamento de controlo (apenas água) em ambos os isolados.

No entanto, o tratamento com lubrificante biodegradável (em todas as concentrações) e o fungicida Ridomil MZ 72 não têm efeito no diâmetro do caule para ambos os isolados.

REFERÊNCIAS

Abd el-Hai K.M.; M.A. El-Metwally; S.M. El-Baz e A.M. Zeid (2009). O uso de antioxidantes e microelementos para controlar o Damping-Off causado por *Rhizoctonia solani* e a podridão do carvão causada por *macrophomina phasoliana* no girassol. Revista de patologia vegetal.8(3):79-89.

Abdel-Sayed, M.H.F. (2006). Variações patológicas, fisiológicas e moleculares entre isolados de *Alternaria solani*, causadora da doença do míldio do tomateiro. Tese de doutoramento, Fac. of Agric. Univ. do Cairo, p: 181.

Abhinandan, D.; H.S. Randhawa e R.C. Sharma (2004). Incidência de *Alternaria* leaf blight no tomate e eficácia de fungicidas comerciais para o seu controlo. Annual Bio, 20: 211-218.

Akhter, K.P. ; M. Martin ; J.H. Mirza ; A.S. Shakir e M. Rafique (1994). Alguns estudos sobre doenças pós-colheita de frutos de tomate e seu controlo químico. Pakistan J. of Phytopath, 6 :125-129.

Arunakumara, K.T (2006). Estudos sobre *Alternaria solani* (Ellis e Martin) jones e grout que causam o míldio do tomateiro. Tese de Mestrado, Fac. of Agric. Dharwad Univ.

Arunakumara, K.T. ; M.S. Kulkarni ; N. Thammaiah e Y. Hegde (2010). Fungicidal management of early blight of tomato. Indian Phytopath, 63 (1): 96-97.

Atlas, R. M. (1981). Degradação microbiana de hidrocarbonetos de petróleo; uma perspetiva ambiental. Microbiol. Rev., 45: 180-209.

ATSDR . (1999). Toxicological profile for total petroleum hydrocarbons (TPH), Atlanta, GA: Agencyfor Toxic Substances and Disease Registry.

ATSDR. (2002). Potential for human exposure, [in:] Toxicological Profile for Wood Creosote, Coal Tar Creosote, Coal Tar, Coal Tar Pitch, and Coal Tar Pitch Volatiles, Atlanta, GA: Agency for Toxic Substances and Disease Registry.

Babu, S. ; K. Seetharaman ; R. Nandakumar e I. Johnson (2000). Variabilidade nas caraterísticas culturais do patógeno da requeima do tomateiro. Plant Dis. Res.,15: 121-122.

Babu, S.; K. Seetharaman; K. R. Nanda e I. Johnson (2000) Variations in contidial morphology of *Alternaria solani* Causing tomato leaf blight disease. Annals of plant protect. Sci., 8 (1): 100102.

Benlioglu, S. e N. Delen (1996). Estudos sobre a esporulação do agente do míldio do tomateiro. J. of Turkish Phytopath, 25: 23-28.

Bernat, E. (2004). Novas possibilidades de proteção química contra o míldio e a requeima na cultura da batata com o fungicida Pyton Consento 450 SC. Biuletyn Instytutu Hodowli Aklimatyzacji Roslin, 233: 303-308.

Bokshia, A.I. ; S.C. Morrisa e B.J. Deverallb (2003). Efeitos do benzotiadiazol e do ácido acetilsalicílico na atividade da b 1,3-glucanase e na resistência a doenças na batata. Plant Path, 52: 22-27.

Bonde, R. (1929). Estirpes fisiológicas de *Alternaria solani*. Phytopathology 19, 533-548.

Bordjiba , O . ; A. Belaze ; N. Meksem ; A. Tahar ; L. Boughediri e M.R. Djebar (2004). Biodegradação de três fungicidas por *Pseudomonas cepacia* isoladas de um solo do nordeste da Argélia. Intern. Sci. J. Med. and Biol. Sci., 1:1-5.

Bose, T.K. e M.G. Som (1986). Vegetable Crops in India (Culturas hortícolas na Índia). Nayaprakash Publishing, Calcutá, P.773.

Bragg, J.R. ; R.C. Prince; E.J. Harner e R.M. Atlas (1994). Effectiveness of bioremediation for Exxon Valdez oil spill. Nature, 368: 413 -418.

Castro, M.E.A. ; L. Zambolim ; G.M. Chaves ; C.D. Cruz e K. Matsuoka (2000). Variabilidade patogénica de *Alternaria solani*, o agente causal do míldio do tomateiro. Summa Phytopathologica, 26: 24-28.

Chaerani, R e R. E. Voorrips (2006). Cancro inicial do tomateiro (*Alternaria solani*): O agente patogénico, a genética e o melhoramento para resistência. J. of General Plant Path, 72(6): 335-347.

Chaerani, R. ; R. Groenwold ; P. Stam e R.E. Voorrips (2006). Avaliação da resistência ao míldio (*Alternaria solani*) no tomateiro utilizando um método de inoculação por gotículas. Tese de doutoramento, Universidade de Wageningen, Países Baixos.

Chakraborty, M.R. e N.C. Chatterjee (2002). Epidemiology studies in relation to the incidence of disease and pests of field crops, fruits and vegetables in Burdwan, West Bengal.

Plant Archives, 2 (2): 317-321.

Chakrabraty, A. M. (1972). Genetic basis of the biodegradation of salicylate. Pseudomonas, 112(2): 815-823.

Chohan, S.; R. Perveen; M.A. Mehmood; S. Naz e N. Akram (2015). Estudos morfo-fisiológicos, manejo e triagem de germoplasma de tomate contra *Alternaria solani*, o agente causal da ferrugem precoce do tomate. Int. J. Agric. Biol., 17: 111-118.

Chourasiya, P.K. ; A.A. Lal e S. Simon (2013). Efeito de certos fungicidas e botânicos contra a praga precoce do tomate causada por *Alternaria solani* (Ellis e Martin) em allahabaduttarpradesh, condições da Índia. Intern. J. of Agric. Sci. and Res., 3(3): 151-156.

Christ, B.J. e K.G. Haynes (2001). Herança da resistência à doença do míldio numa população diploide de batata. Plant Breeding, 120 (2): 169- 172.

De La Fuente, L.; L. Thomashow; D. Weller; N. Bajsa; L. Qugliotto; L Chernin e A. Arias (2004) *Pseudomonas fl uorescens* UP61 isolada da rizosfera de birdsfoot trefoil produz múltiplos antibióticos e exerce um amplo espetro de atividade de biocontrolo. Eur J Plant Pathol 110:671-681

De Souza, J.T.; C Arrnould; C. Deulvot; P. Lemanceau; V. Gianinazzi- Pearson e J.M. Raaijmakers (2003a) Effect of 2,4- diacetylphloroglucinol on *Pythium* : cellular responses and variation insensitivity among propagules and species. Fitopatologia 93:966975

De Souza, J.T.; M. de Boer; P. de Waard; T.A Van Beek e J.M. Raaijmakers (2003b) Propriedades bioquímicas, genéticas e zoosporicidas de surfactantes de lipopeptídeos cíclicos produzidos por *Pseudomonas fl uorescens*. Appl Environ Microbiol 69:7161-7172

Debarati, P. ; P. Gunjan ; P. Janmejay e V.J.K. Rakesh (2005). Accessing microbial diversity for bioremediation and environmental restoration (Acesso à diversidade microbiana para biorremediação e recuperação ambiental). Trends in Biotech. 23(3): 135-142,

Demirci, E. (1997). Factores que afectam a esporulação de *Alternaria solani*. Turkish Journal of Biology 21: 353-358.

Desta, M e M. Yesuf (2015). Eficácia e economia dos fungicidas e seu cronograma de aplicação para a gestão da ferrugem precoce (*Alternaria solani*) e rendimento do tomate no sul de Tigray, Etiópia. J Plant Pathol Microb, 6(5): 3-6.

Dhal, N.K. ; N.C. Swain ; J.L. Varshiney e G. Biswal (1997). Etiologia da micoflora que causa a podridão apical do tomateiro. Indian Phytopath, 50: 587-592.

Dhingra O.D. e J.B. Sinclair (1995). Basic plant pathology methods. CRS Press, Inc. Boca Raton, Florida, 335 pp.

Dragana, J.; S. Mira; S. Sasa; P. Snezana; M. Miladinovic e R. Svetlana(2012). Phenazines que produzem isolados de pseudomonas diminuição de *Alternaria tenuissima* Crescimento, patogenicidade e incidência da doença no cardo. Arch. Biol. Sci., Belgrado, 64 (4), 14951503.

Duncun, D. B. (1955). Multiple ranges and multiple F test. Biometrics11: 1-42.

Dushyant, A. ; N.K. Khatri ; P. Jagdish e S.K. Maheshwari (2014). Eficácia dos fungicidas contra a praga precoce do tomate causada por *Alternaria solani*. Ann. of Plant Prot. Sci., 22(1):148-151.

El-Abyad, M.S; M.A El-Sayed; A.R. El-Shanshoury e S.M.El- Sabbagh (1993). Para o controlo biológico de doenças fúngicas e bacterianas do tomateiro utilizando o antagonismo de Streptomyces spp. Planta Solo 149:185-195

El-Mougy, N.S (2009). Efeito de alguns óleos essenciais para limitar o desenvolvimento do míldio (*ALternaria solani*) no campo da batata. J. of Plant Prot. Res., 49 (1): 47-52.

El-Mougy, N.S.; M.M Abdel-Kader; F.Abdel-Kareem; E.I. Embaby; R.El-Mohamady; H.Abd El-Khair, (2012). Levantamento de doenças fúngicas que afectam algumas culturas hortícolas e os seus microrganismos rizosféricos do solo cultivados sob sistema de cultivo protegido no Egito. Revista de Investigação em Agricultura e Ciências Biológicas, 7(2), 203-211.

EPA (1990). Gabinete de Investigação e Desenvolvimento. Projeto de biorremediação de derrames de petróleo no Alasca. 1990 julho 20p. Disponível em: U.S. Government Printing Office. Washington DC: EPA/600/8-89/073.

FAO (2015). FAOSTAT / © Divisão de Estatística da FAO 2015 / abril de 2015.

Fencelli, M.I. e H. Kimati (1990). Influência dos meios de cultura e da luz fluorescente na esporulação de *Alternaria dauci*. *Phytopath*, 16 :248-252.

Fenton, A. M.; P.M. Stephens; J. Crowley; O. M. Callaghan e F.O Gara (1992). Exploração de gene(s) envolvido(s) na biossíntese de 2,4 diacetilcloroglucinol para conferir uma nova capacidade de biocontrolo a uma estirpe de Pseudomonas. Appl Environ Microbiol 58(12):3873-3878.

Fernando, W.G.D.; S. Nakkeeran e Y. Zhang (2005). Biossíntese de antibióticos por PGPR e sua relação no biocontrole de doenças de plantas, In: PGPR: Biocontrol and Biofertilization, (Ed. Z.A. Siddiqui), 67109. Springer Science, Dordrecht, Países Baixos.

Finley, S.D. ; L.J. Broadbelt e V. Hatzimanikatis (2010). Viabilidade in silico de novas vias de biodegradação para 1,2,4-triclorobenzeno, sistemas BMC. Biol., 4(7): 4-14.

Fontern, D.A. (1993). Levantamento das doenças do tomateiro nos Camarões. Tropicultura, 11: 87-90.

Foolad, M.R.; N. Ntahimpera; B. J. Chirst, e G.Y. Lin (2000). Comparação de avaliações de campo, estufa e destacadas de germoplasma de tomate para resistência ao míldio. Plant Dis., 84: 967972.

Fritz, M. (2005). Indução de resistência no patossistema tomateiro - *Alternaria solani*. Tese de Mestrado, Universidade de Giessen, Alemanha.

Fugro, P.A. e A.M. Mandokhot (2002). Gestão do míldio do tomateiro. Pestology, 26: 38-40.

Ganeshan, G. e B.S. Chethana (2009). Bioeficácia da piraclostrobina 25% ec contra o míldio do tomateiro. World Appl. Sci. J., 7(2): 227-229.

Ganie, S. A. ; M. Y. Ghani1; Q. Nissar ; N. Jabeen ; Q. Anjum ; F. A. Ahanger e A. Ayaz. (2013). Estado e sintomatologia da praga precoce (*Alternaria solani*) da batata (*Solanum tuberosum* L.) no Vale de Caxemira. African J. Agric. Res., 8(41): 5104-5115.

Ganie, S.A. ; M.Y. Ghani ; Q. Anjum ; Q. Nissar ; S.U. Rehman e W.A. Dar (2013). Gestão integrada da praga precoce da batata nas condições do vale de Caxemira. African J. Agric. Res., 8(32): 4318-4325.

Gannibal, P. B.; S. S Klemsdal e M. M. Levitin (2007). AFLP analysis of russian *Alternaria tenuissima* populations from wheat kernels and other hosts. Eur J Plant Pathol. 119, 175-182.

Gondal, A.S.; M. Ijaz; K. Riaz e A.R. Khan (2012). Efeito de diferentes doses de fungicida (Mancozeb) contra *Alternaria* Leaf blight de tomate em túnel. J. Plant Pathol. Microb., 3:125. doi:10.4172/2157-7471.1000125.

Gudmestad, N.C. ; S. Arabiat ; J. S. Miller e J. S. Pasche (2013). Prevalência e impacto da resistência ao fungicida SDHI em *Alternaria solani*. Plant Dis., 97: 952-960.

Haas, D. e G. Defago (2005). Biological control of soil-borne pathogens by fluorescent pseudomonads. Nat. Rev. Microbiol. 3: 307-319.

Hafiz A.; M. Hussain; M. Ali; M. S. Siddique; S. U. K. Jatoi; S. Talib Sahi e A. Hannan (2014). Resposta genética do germoplasma de tomate contra a praga precoce e seu manejo através de fungicidas. *App. Sci.* Report, 6 (3): 119-127.

Hansen, M.A. (2009). Ferrugem precoce do tomateiro. Produzido por Communications and Marketing, College of Agriculture and Life Sciences, Virginia Polytechnic Institute and State University Extension Plant Pathologist, Department of Plant Pathology, Physiology and Weed Science, Virginia Tech. Publicação, pp: 450708.

Harborne, J.B e C.A. Williams (2000). Avanços na investigação sobre flavonóides desde 1992. Phytochemistry 55:481-504.

Hassan S.W.; M. Lawal; B.Y. Muhammad; R.A. Umar; L.S. Bilbis, U.Z. Faruk e A.A. Ebbo (2007). Atividade Antifúngica e Análise Fitoquímica de Fracções Cromatográficas em Coluna de Extractos de Casca de Caule de *Ficus sycomorus* L. (Moraceae). Jornal de Ciências Vegetais, 2: 209-215.

Hawamdeh, A.S e S. Ahmad (2001). Controlo in vitro de *Alternaria solani*, a causa do míldio do tomateiro. J. of Biol. Sci., 1(10): 949-950.

Ilhe, B.M. ; R.N Shinde ; M.N Bhalekar e D.B. Kshirsagar (2008). Gestão do complexo de doenças fúngicas do tomateiro. J. of Plant Dis. Sci., 3(2): 173-175.

Ishida, K.; Mello J.C; D.A Cortez; B.P Dias Filho; T. Ueda-Nakamura; C.V. Nakamura (2006). Influência dos taninos de Stryphnodendron adstringens no crescimento e nos factores de virulência de Candida albicans. J. Antimicrob. Chemother.58:942-949

Islam M.T e Y Fukushi (2010). A inibição do crescimento e a ramificação excessiva em *Aphanomyces cochlioides* induzida por 2,4- diacetilcloroglucinol está ligada à perturbação do citoesqueleto de actina nas hifas. World J Microbiol Biotechnol 26:1163- 1170

Issiakhem, F e Z. Bouznad (2010). Avaliação in vitro de difenoconazol e clorotalonil na germinação de conídios e no crescimento micelial de *Alternaria alternata* e *A. solani*, agente causal do míldio na Argélia. PPO-Relatório Especial n.º 14: 297-302.

Itako, A.T. ; J.B.T. Junior e Katia R.F. Schwan-Estrada (2013). Bioatividade do óleo essencial de *Cymbopogon citratus* e a indução de enzimas relacionadas à patogênese de *Alternaria solani* em plantas de tomate. IDESIA (Chile)31(4): 11-17.

Jabeen, K (2013). Atividade antifúngica de *Azadirachta indica* contra *Alternaria solani*. J. of Life Sci. and Tech, 1(1):89-93.

Jiskani, M.M. ; M.A. Pathan ; K.H. Wagan ; M. Imranand e H. Abro(2007). Estudos sobre o controlo da doença do amortecimento do tomateiro causada por *Rhizoctonia solani* Kuhn. Pakistan J. Bot., 39(7): 27492754.

Jones, J.B. ; J.P. Jones ; R.E. Stall e T.A. Zitter (1993). Compêndio de Doenças do Tomateiro. St Paul, Minnesota, EUA, American Phytopathological Society.

Kanjilal, S. ; K.R. Samaddar e N. Samajpati (2000). Doenças de campo e potencial de cultivo de tomate em Bengala Ocidental. J. of Mycopathol Res., 38: 121-123.

Kapsa, J. e J. Osowski (2003). Eficácia de alguns fungicidas selecionados contra o míldio (*Alternaria sp.*) em culturas de batata. J. of Plant Prot. Res., 43: 113-120.

Karima, H.E.H e F. S. Farghaly (2007). Efeito do metalaxil e do clorpirifos-metilo contra o míldio (*Alternaria solani*, Sor.) e a mosca branca (*Bemisia tabaci*, Genn.) no tomate e na beringela. J. Appl. Sci. Res., 3(8): 723-732

Kaul, A.K. e H.K. Saxena (1988). Especialização fisiológica em *Alternaria solani* que causa o míldio do tomateiro. Indian J. of Mycology Plant Path, 18 :128-132.

Kavitha, K.; S. Mathiyazhagan; V. Sendhilvel e W.G. D. Fernando (2007). Ação de largo espetro da fenazina contra estruturas activas e dormentes de agentes patogénicos fúngicos e do nemátodo do nó da raiz. Archives of Phytopathology and Plant Protection.38(1): 69-76.

Kemmitt, G. (2002). Ferrugem precoce da batata e do tomate. The Plant Health Instructor. DOI: 10.1094/PHI-I-2002-0809-01.

Khan, M.A. ; A. Rashid e M.J. Iqbal (2008). Avaliação de fungicidas aplicados foliarmente contra o míldio da batata em condições de campo. Int. J. Agri. Biol., 5(4): 543-544.

Khan, M.M.; R.U. Khan e F.A. Mohiddin (2007). Estudos sobre a gestão rentável da praga de *Alternaria* da colza e da mostarda (Brassica spp.) Phytopathol. Mediterrâneo, 46: 201-206.

Kishore Varma, P. K. e C. Yammuna e U.N. Mangala (2014).O efeito do meio e da luz na esporulação in *vitro* de Alternaria solani. Int.J.Of Application Biol and phar techn.,6(1):97-102

Koike, S.T. ; P. Gladders e A.O. Paulus (2007). Vegetable Diseases, A Colour Handbook (Doenças dos Vegetais, Um Manual a Cores). Londres: Manson Publishing, Inglaterra.

Krishna, S ; K. Swamy; S. Lokesh ; H.N. Ramesh-Bobu, e H.S. Shetty (1998). Estudos sobre aspectos da biologia e transmissão de *Alternaria Solani* em sementes de tomate. Adv. in Plant Sci., 11 (1): 37-44.

Landa B.B.; O.V Mavrodi; J.M Raaijmakers; B.B McSpadden Gardener; L.S Thomashow; D.M. Weller (2002). Differential ability of genotypes of 2,4-diacetylphloroglucinol-producing *Pseudomonas fluorescens* strains to colonize the roots of pea plants. Appl Environ Microbiol 68:3226-3237

Liuchienhui, W. ; U. Wenshi ; C.H. Liu e W.S. Wu (1997). Controlo químico e biológico do míldio do tomateiro. Plant Path. Bull, 6: 132-140.

Mackinney, G. (1941). Absorção de luz por soluções de clorofila. J. Biol. Chem., 140: 315-322.

Masih, A. B. e E. Behdad (2012). Efeitos de três óleos essenciais no crescimento do fungo *Alternaria solani*. JRAS, l (8): 45 -57.

Mavrodi, D. V.; V. N. Ksenzenko; R. F. Bonsall; J. R. Cook; A. M. Boronin e L. S. Thomashow (1998). Um locus de sete genes para a síntese de ácido fenazina-1-carboxílico por Pseudomonas fluorescens 2-79. J. Bacteriol. 180, 2541-2548.

Mazzonetto, F. ; J.O.M. Menten ; A.L. Paradela e M.A. Galli (1996). Efeito de meios de cultura no crescimento micelial e produção de conídios de *Alternaria* spp. em feijão. Ecossistema, 21: 59-61.

Mónaco, C. ; A. Nico; M. Rollan e M. Urrutia (2001). Efeito in vitro de fungicidas utilizados para o controlo do míldio do tomateiro sobre a micoflora antagonista do filoplano. Investigacion Agraria Produccion Proteccion Vegetales, 16: 325-332.

Nadia, G. ; G. El-Gamal ; F. Abd-El-Kareem ; Y. Fotouh e N. El- Mougy (2007). Indução de resistência sistémica em plantas de batata contra doenças do míldio tardio e precoce utilizando indutores químicos em condições de estufa e de campo. Res. J. Ag. Bio. Sci., 3:73-81.

Naveenkumar Singh, N. ; R.P. Saxena ; S.P. Pathak e S.K.S. Chauhan (2001). Gestão da doença foliar *Alternaria* do tomateiro. Indian Phytopath, 54: 508.

Neeraj, R. e S. Verma (2010). Doenças de *Alternaria* em culturas hortícolas e novas abordagens para o seu controlo. Asian J. of Exp. Biol. Sci., 1: 681-692.

Neergaard, P. (1945). Espécies dinamarquesas de Alternaria e Stemphylium. Taxonomia, parasitismo, importância económica. Einar Munksgaard, Copenhaga.

Osowski, J. (2014). A eficácia de ingredientes activos selecionados contra o míldio da batata. Biuletyn Instytutu Hodowli i Aklimatyzacji Roslin, (271): 55-63.

Parvez, E. ; S. Hussain ; A. Rashid e M.Z. Ahmad (2003). Avaliação de diferentes fungicidas protectores e erradicantes contra o míldio precoce e tardio da batata causado por *Alternaria solani* (Ellis e Mart) Jones e Grout e *Pytophthorainfestans* (Mont.) De Bary em condições de campo. Pakistan J. Biol. Sci., 6 (23): 1942-1944.

Pasche, J.S. ; C.M. Wharam e N.C. Gudmestad (2004). Mudança na sensibilidade de *Alternaria solani* em resposta a fungicidas Q (0) I. Plant Dis., 88: 181-187.

Pasche, J.S. ; L.M. Piche ; N.C. Gudmestad (2005). Efeito da mutação F129L em *Alternaria solani* em fungicidas que afectam a respiração mitocondrial. Plant Dis., 89: 269-278.

Perez, S. e B. Martinez (1995). Seleção e caraterização de isolados de *Alternaria solani* do tomateiro. Revista de Proteção Vegetal, 10: 163-167.

Pierson, L. S. e E. A. Pierson (2010). Metabolismo e função das fenazinas em bactérias: impactos no comportamento das bactérias no ambiente e nos processos biotecnológicos. Appl Microbiol Biotechnol. 86, 1659-1670.

Prasad, Y. (2002). Estudos sobre a variabilidade, gestão pré e pós-colheita do míldio do tomateiro. Tese de Mestrado, Univ. of Agric. Sci., Dharwad, p.153.

Prasad, Y. e M.K. Naik (2003). Avaliação de genótipos, fungicidas e extractos de plantas contra o míldio do tomateiro causado por *Alternaria solani*. J. of Plant Prot., 31: 49-53.

Pria, M.D. ; A. Bergamin-Filho e L. Amorim (1997). Avaliação de diferentes meios de cultura para esporulação de *Colletotrichum lindemuthianum, Phaesoisariopsis griseola* e *Alternaria spp*. Summa Phytopathologica, 23 :181-183.

Raaijmakers, J.M. e D. M. Weller (1998). Proteção natural das plantas por *Pseudomonas spp*. produtoras de 2, 4 diacetilcloroglucinol em solos com declínio de ervas daninhas. Mol Plant Microbe In 11(2):144-152.

Rajeswari, T. ; B. Elayarajah ; B. Venkatrajah ; S. Rajakumar ; S. Meenatchisundaram e R. Vijayaraghavan (2011). Biodegradação de hidrocarbonetos de petróleo usando *Pseudomonas* e sua atividade antifúngica contra fitopatógenos. Bangladesh J. Sci. Ind. Res. 46(3): 297-302.

Ramette, A.; Y. Moenne-Loccoz e G. Defago (2003). Prevalência de pseudomonas fluorescentes produtoras de cloroglucinóis antifúngicos e/ou cianeto de hidrogénio em solos naturalmente supressivos ou propícios à podridão negra da raiz do tabaco. FEMS Microbiol Ecol 44(1):35-43.

Ramgiry, S.R. ; I.S. Tomar e M.L. Tawar (1997). Estudos sobre a microflora associada a frutos de tomate pré e pós-colheita. Crop Res., 58 :275-280.

Robinson, J.M. e S.J. Britz (2000).A tolerância de uma cultivar de soja cultivada no campo a um nível elevado de ozono é concomitante com um nível mais elevado de ácido ascórbico nas folhas, um estado redox ascorbato-dehidroascorbato mais elevado e uma produtividade fotossintética a longo prazo. Photosynthetic Res., 64:77-87.

Rodrigues, T. T. M. S.; L. A. Maffia; O. D.Dhingra e E. S. G. Mizubuti (2010). Produção *in-vitro* de conídios de *Alternaria solani*. Tropical Plant Pathology, 35, 203-212.

Rotem, J. (1994). The Genus *Alternaria*: Biology, Epidemiology and Pathogenicity (O Género *Alternaria*: Biologia, Epidemiologia e Patogenicidade). APS Press, St. Paul, MN.

Rovera, M. S. ; C.N. Correa e S. Rosas (2000). Caracterização de agentes antifúngicos produzidos por *Psedomana ssp*. Appl. Enviro. Microbiol., 56: 908-912.

Sallam N.M.A. e K.A.M Abo-Elyousr (2012). Avaliação de vários extractos de plantas contra a doença do míldio do tomateiro em condições de estufa e de campo. Plant Protect. Sci., 48: 74-

79.
Sato, F. (2008) Produção microbiana de alcalóides de benzoquinolina de plantas. Proc. Natl. Acad. Sci. USA, 105, 7393-8.

Sawant, G.G. e P.V. Desai (2001). Eficácia da dodina e do mancozebe com alaclor e acefato no controlo do míldio do tomateiro. Indian J. of Env. Toxicol., 11: 22-25.

Schuelter, A.R. ; J. Marochio ; C.S. Souza ; C.C.O. Philippsen ; M.C. Heck ; S.D. Lannes ; I. Schuster ; F.L. Finger e I.R.P. Souza (2006). Controlo genético de uma região genómica modificada num mutante de tomate (*Lycopersicon esculentum* Mill.) de maturação firme. Crop Breed. and App. Biotech., 6: 261-268.

Shahbazi H, H. Aminian; N Sahebani; D. Halterman (2011). Effect of *Alternaria solani* exudates on Resistant and Susceptible Potato Cultivars from Two Different pathogen isolates. Plant Pathology Journal 27: 14-19.

Shahi, H.P.S. e K.R. Shyam (1993). Ocorrência de manchas foliares *de Alternaria* no tomate em Himachal Pradesh, um novo registo. Plant Disease Res., 8 :140-141.

Shahin, E. A. e J. F. Shepard (1979). Uma técnica eficiente para induzir a esporulação profusa de espécies de Ahernaria. Fitopatologia, 69: 618-620

Sharma, D.K. ; I.M. Sharma e J.P. Sharma (1997). Efeito de diferentes datas de plantação na produção de frutos e perdas causadas pela broca do fruto e diferentes doenças no tomate (*Lycopersicon esculentum* Mill) cv. Roma. Indian J. of Hill Farming, 10 (1-2): 63-66.

Singh, R.S. (1987). Diseases of Vegetable Crops, Oxford and IBH Publication Co. Pvt. Ltd., Nova Deli, Bombaim, Calcutá, Índia, p: 419.

Singleton, V.L. e J.A. Rossi (1965). Colorimetria de fenólicos totais com reagentes de ácido fosfomolíbdico-fosfotúngstico. Am. J. Enol. Viticulture, 16: 144-158.

Slininger, P.J. e M. A. Shea-Andersh (2005). Modulação baseada em prolina de 2,4-diacetilcloroglucinol e rendimentos celulares viáveis em culturas de estirpes de Pseudomonas fluorescens de tipo selvagem e de produção excessiva. Appl Microbiol Biotechnol 68(5):630-638.

Solange, M. d.; E. D. B. Romano; M. Z. Pignoni; M. E d. Teixeira e C. G. José (2010). Efeito de bioterápicos de *Alternaria solani* sobre a requeima do tomateiro e o desenvolvimento in vitro do fungo. Int J High Dilution Res; 9(33): 147-155.

Soliman, M.M.M. (2005). Atividade inseticida de alguns extractos de plantas selvagens e óleos essenciais de plantas contra a mosca branca, *Bemisia tabaci* (Genn.). Bull. NRC, Egito, 30: 467-476

Somappa, J. ; K. Srivastava ; B.K. Sarma ; C. Pal e R. Kumar (2013). Estudos sobre as condições de crescimento da mancha foliar de Alternaria do tomateiro causando *Alternaria solani*. L. An Inter. Quarterly J. of Sci., 8(1): 101-104.

Song, W. ; X. Ma ; H. Tan e J. Zhou (2011). O ácido abscísico aumenta a resistência a *Alternaria solani* em mudas de tomate. Plant Physiol. and Bioch., 49: 693-700.

Spletzer, M. E e A. J. Enyedi (1999). O ácido salicílico induz resistência a *Alternaria solani* em tomate cultivado em hidroponia. Phytopathology, 84: 722 -727.

Stall, R. E. (1958). Uma investigação do número nuclear em *Alternaria solani*. Am. J. Bot. 45, 657.

Stancheva, J. e L. Stamova (1990). Virulence diversity in the population of *Alternaria solani* (Ell. & Martin) Jones & Groutin Bulgaria. Comptes Rendus de Academie Bulgare de Sciences, 43 (7): 73 - 74.

Surygala, J. e E. Sliwka (2004).Riscos de derrames de petróleo na Polónia no contexto da situação mundial. Fresenius Environ. Bull., 13(12b): 1474-1476.

Teixeira da Silva Jaime, A.; Judit D; e R.Silvia (2013) Cloroglucinol em cultura de tecidos vegetais. In Vitro Cell. Dev. Biol.-Plant (2013) 49:1-16

Tewari, R. e K. Vishunavat (2012). Gestão do míldio (*Alternaria solani*) no tomateiro através da integração de fungicidas e práticas culturais. Int. J. Plant Prot., 5: 201-206.

Thomas, A.Z e J.L. Drennan (2005). Mudança no desempenho de fungicidas para o controlo do míldio do tomateiro. Departamento de Patologia Vegetal, Universidade de Cornell, Ithaca, NY 14853.

Tiffany, L.W. ; R. David ; H. Barbara ; J. Christ e C.P. Romaine (1998). Análise RAPD-PCR da variação genética entre isolados de *Alternaria solani* e *Alternaria alternata* de batata e tomate. Mycologia, 99 (5): 813-821.

Ultan, F. ; J. Walsh ; P. Morrissey e F. O'Gara (2001). *Pseudomonas* para o biocontrolo de fitopatógenos, da genómica funcional à exploração comercial. Current Opinion in Biotech, 12: 289-295.

Universidade da Califórnia, Agricultura e Recursos Naturais (2008). Ferrugem precoce do tomateiro. UC IPM Online. Recuperado de http://www.ipm.ucdavis.edu/PMG/r783100311.html.

Uys, M.D.R. ; A.H. Thompson e G. Holz (1996). Doenças associadas ao tomate nas regiões de cultivo de tomate da África do Sul. J. of Southern African Soc. of Hort. Sci., 6 :78-81.

Van der Waals, J. E. ; L. Korsten e T.A.S. Aveling (2001). A review do míldio da batata. African Plant Prot., 7(2): 111-113.

Van Hamme, J.D.: Singh A: O.P. Ward (2003). Avanços recentes na microbiologia do petróleo. Microb. Mol. Biol. Rev. 67:503-549.

Vieira B.S. (2004) Alternaria euphorbiicola como micoherbicida para leiteiro (*Euphorbia heterophylla*): produção massal e integração com herbicidas químicos. Tese de Doutorado. Vigosa MG. Universidade Federal de Vigosa.

Vloutoglou, I. ; S.N. Kalogerokis e A. Darras (2000). Effects of isolate virulence and host susceptibility on development of early blight (*Alternaria solani*) on tomato Doença das culturas hortícolas cucurbitáceas e solanáceas na região mediterrânica, Kerkyra. Grécia, 11 a 14 de outubro, Boletim OEPP, 30 (2): 263-267.

Vloutoglou, I. e S.N. Kalogerakis (2000). Efeitos da concentração do inóculo, da duração da humidade e da idade da planta no desenvolvimento do míldio (*Alternaria solani*) e na queda de folhas em plantas de tomate. Plant Path, 49(3): 339 - 345.

Volkalounakis, D. J.(1983). Avaliação de cultivares de tomate para a resistência ao míldio de Alternaria. Ann. of Applied Biology. 102(Suppl.): 138-139.

Waals, J.E. ; L. Korsten e B. Slippers (2004). Genetic diversity among *Alternaria solani* isolates from potatoes in South Africa (Diversidade genética entre isolados de *Alternaria solani* de batatas na África do Sul). Plant Dis., 88: 959-964.

Walke, A.G. ; S.R. Potdukhe ; S. Meena ; A.K. Meena ; G. Kakralya e C.S. Choudhary (2014). Eficácia de fungicidas *in vitro* e in *vivo* da praga precoce do tomate (*Lycopersicon esculentum*) causada por *Alternaria solani*. J. of Plant Sci. Res., 30(2): 123-127.

Wallace, D.M. e H.M. Munger (1965). Estudos sobre a base fisiológica das diferenças de rendimento. I. Análise do crescimento de seis variedades de feijão seco. Crop Sci., 5: 343-348.

Watterson, J. C. (1986). Diseases, the tomato crops. Editado por Atherton e Rudich, Champan and Hall Ltd. Ny., pp: 461-462.

Weir, T. L.; D. R. Huff; B. J. Christ e C. P. Romaine (1998). Análise RAPD-PCR da variação genética entre isolados de
Alternaria solani e *Alternaria alternata* de batata e tomate. Mycologia 90: 813-821.

Yateem, A.; Balba, M.T.; AI-Awadhi N. e EI-Nawawy, A.S. (1998). Fungi and their role in remediating oil-contaminated soil. Environment International, Vol. 24, No. 1/2, pp. 181-187.

Yazici, S.; Y. Yanar e I. Karaman (2011). Avaliação de bactérias para o controlo biológico da doença do míldio do tomateiro. African J. Biotech, 10: 1573-1577.

Yousry, M. G.; M. M. A. El-Naggar; M. K. Soliman e K. M. Barakat (2010). Caracterização de agentes antibacterianos marinhos *de Burkholderia cepacia*. Jornal de Produtos Naturais Vol. 3:86-94.

Yunhui, T. ; L. Jinong ; X. Jingyou ; YH. Tong ; J.N. Liang e J.Y. Xu (1994). Estudo sobre a biologia e a patogenicidade de *Alternaria solani* no tomateiro. J. Jiangsu Agric. Col., 15: 29-31.

Printed by Books on Demand GmbH, Norderstedt / Germany